인공지능 정복을 위한

이태욱 임승찬 최민영 최민정

메타버스 도시

AI 로봇

AI 스마트홈

자율주행 자동차

교육의 길잡이 · 학생의 동반자
(주)교학사

머리말

"거대한 공룡이 알에서 깨어나고 있어요."

거대한 공룡이 알에서 깨어나 돌아다닌다면 어떤 느낌이 들까요? 엄청난 존재감에 주목하게 되겠지요. 인공지능은 거대한 공룡의 크기만큼 우리의 생활을 크게 바꾸어 놓을 것입니다. 불과 몇 년 전에는 대부분의 컴퓨터는 가방보다 커서 집에서나 학교에서만 사용할 수 있었습니다. 그러다가 휴대폰에 컴퓨터의 기능을 담아 들고 다닐 수 있게 되고 누구나 주머니에 넣어서 다니게 되었습니다. 인공지능도 그렇게 우리의 생활을 바꾸게 될 것입니다.

뉴스에서도, 수업에서도 인공지능에 대한 이야기를 많이 듣고 있는 여러분들은 "저도 인공지능이 중요하다는 것은 알고 배워야 하는 것도 알고 있어요. 근데 인공지능은 저에게 너무 어려운 존재에요."라고 답할지도 모릅니다. 하지만 우리 학생들은 이미 인공지능과 일상을 함께하고 있습니다. 이 책을 읽고 나면, '이미 내가 인공지능을 알고 있었구나!'라는 즐거운 발견도 할 수 있을 겁니다.

이제는 지식을 얻는 방법도 바뀔 것입니다. 전에는 인터넷으로 검색하고 그중에서 적당한 답을 찾아 다시 또 검색하였습니다. 하지만 이제는 ChatGPT 등 대화형 인공지능 서비스를 통해 질문을 던지면 인공지능이 내가 원하는 답을 대화하듯이 답변해 줄 수 있습니다. 앞으로는 인공지능을 통해 지식을 얻게 되는 비중이 점점 거대해져 갈 것입니다.

곧 인공지능이 도와주는 디지털교과서가 나올 것이고 무거운 가방을 들고 다닐 필요가 없이 태블릿 PC 하나만 들고서 학교에 등교할 것입니다. 이것만으로도 다양한 과목을 공부하고 질문할 수 있기 때문입니다.

인공지능은 곧 내 옆에서 친구처럼 자세하고 쉽게 설명하고 도와줄 것입니다. 착하고 덩치가 큰 공룡과 같은 인공지능은 여러분 옆에서 큰 힘이 되어줄 것입니다.

이 책에서는 여러분 생활 속의 인공지능을 상상 속으로 끌어당기고 인공지능 원리를 쉽고 재미있게 이해할 수 있도록 다양한 예시를 들어 설명합니다. 또한 책 속의 다양한 인공지능 학습 도구를 체험하고 문제 해결을 위한 인공지능 프로그램을 직접 만드는 경험을 통해 인공지능 시대의 주인공으로 한 발짝 다가서는 기회를 제공합니다.

내가 살고 싶은 세상은 어떤 세상인가요? 여러분은 무궁한 상상력과 잠재력을 지니고 있습니다. 책을 읽고 나서, 인공지능을 아는 것에 그치지 않고 나의 삶의 문제에서 인공지능을 어떻게 활용하면 좋을지 생각해 보고 활용했으면 좋겠습니다. 머지않은 미래에 여러분이 주체가 되어 인공지능과 원하는 세상을 만들어 나갈 수 있을 거라고 기대합니다.

코로나를 지나며 디지털 세상이 급격하게 바뀌고 있습니다. 이러한 변화는 사실 오래전부터 저변에서 서서히 쌓이고 있었습니다. 거대한 공룡이 알에서 깨어난 것입니다. 이는 여러 생활과 산업을 함께 깨우게 될 것입니다.

그래서 인공지능에 대한 많은 책이 쏟아지고 있지만, 청소년들이 실생활 속 인공지능을 찾아서 뼛속 깊이 이해할 수 있고 실전을 통해 공략하듯이 인공지능의 개념부터 활용까지 습득할 수 있는 책을 만들고 싶다는 생각이 들었습니다. 그래서 이러한 바람을 실체화할 수 있도록 책 집필을 할 수 있게 도와주신 이태욱 교수님의 시대적 사명감과 깊은 학문적 성찰 및 선견에 진심으로 감사하게 생각합니다.

아인슈타인과 같은 유명한 학자들은 갑자기 유명한 과학자가 된 것이 아니라 어릴 때부터 과학적 호기심을 탐구하여 꿈을 이어갔기 때문입니다. 과학자뿐만 아니라 기업가도 프로그래머도 사고력과 창의력을 깨울 수 있는 호기심, 문제의식, 또 탐구심이 선행해야 합니다.

학생들에게 "나도 해보아야지." 하도록 생각과 의지를 자극하는 것이 필요합니다. 부피가 큰 컴퓨터에서 한 손에 쥘 수 있는 스마트폰 혁명을 일으킨 스티브 잡스처럼 우리 아이들이 커다란 변동성 속에서 멋진 리더로서의 꿈을 펼칠 수 있는 어른들의 교육혁신이 필요합니다. 이러한 노력이 10년 후에 디지털 세상을 빛낼 수 있는 원천이 될 것입니다.

큰 시대적 패러다임 앞에 다가올 미래를 위해 늦출 수 없는 당위성으로 작지만 한 걸음 나아가야 합니다. 이러한 흐름에 발맞추어 중등 교육과정에 인공지능이 많이 침투하고 있으며 반드시 필요한 교과로 주목받고 있는 만큼 학생들도 당연히 배워야 하고, 친근한 대상으로 인공지능을 인식할 수 있도록 조력하고자 고민하며 집필하였습니다. 다양한 실생활 속 예시를 통해 인공지능의 유형, 학습법 등을 이해하고 다양한 실전 예제를 따라 하게 하면서 미래의 인공지능 전문가로의 첫걸음을 잘 디딜 기회가 될 것입니다.

최근 ChatGPT와 같은 대화형 인공지능 서비스가 교육과 업무의 흐름을 크게 바꾸어 놓았습니다. 앞으로는 인공지능을 활용한 다양하고 많은 서비스가 우리에게 쏟아지듯 다가오는 모습을 유심히 바라보고 제대로 사용할 수 있도록 노력해야 할 것입니다. ChatGPT 역시 인터넷 검색하듯이 동일하게 사용하기보다는 이 책에서 안내한 방식처럼 상호작용하고 제대로 활용한다면 인공지능 기술을 창의적으로 활용할 수 있을 것입니다.

2024년 1월

저자 씀

차례

3 인공지능의 공부법

4 인공지능과 올바른 세상 만들기

인공지능 스며들기

1 인공지능, 너는 누구니?

인공지능(AI: Artificial Intelligence)은 인간처럼 생각하고 수행할 수 있도록 인공적으로 만든 지능을 뜻합니다.

예를 들면, 인공지능은 인간처럼 생각하여 계산을 할 수도 있고, 많은 사람이 동의할 만한 원칙에 따라 선택을 할 수도 있고, 동물과 식물을 구별할 수도 있고, 사람이 이야기하는 내용을 이해할 수도 있습니다.

듣고 보니 주변에서 이미 흔하게 보고 있는 기계들이 떠오르지 않나요? 하지만 인공지능은 아니었던 것 같은데, 비슷하게 느껴지는 것 같기도 하고요.

계산기도 사람처럼 계산을 하고 답을 구해줄 수 있는데?

토스트 기계도 버튼만 누르면 바삭한 식빵을 구워주던데?

세탁기도 버튼만 누르면 자동으로 빨래를 해주던데?

하지만 위의 계산기, 토스트 기계, 세탁기는 인공지능이라고 볼 수가 없습니다.

그럼 우리가 평소에 사용하던 자동화된 기계들은 인공지능과 무슨 차이가 있을까요?

더 구체적으로 말하자면, 자동화된 기계를 움직이게 하는 일반적인 **소프트웨어***와 인공지능 소프트웨어는 무엇이 다를까요?

우리가 일반 소프트웨어와 인공지능 소프트웨어에 기대하는 것이 각각 다릅니다.

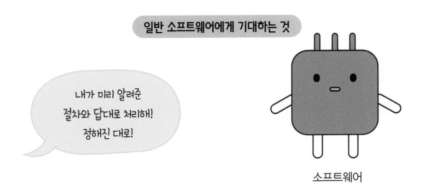

소프트웨어

우리는 일반 소프트웨어가 문제 해결을 위해 **미리 알려줬던 절차대로** 처리하기를 바랍니다. 즉, 소프트웨어는 명령 순서에 따라 정해진 기능만 수행하게 되죠.

인공지능

반면, 인공지능 소프트웨어에게는 우리가 알려준 것들을 모아서 **스스로 학습한 결과**를 알려 주길 기대합니다. 따라서 인공지능은 제시된 데이터나 답, 힌트를 모아서 학습하고 사람처럼 생각하여 스스로 판단한 결과를 보여줍니다.

———————
*소프트웨어: 컴퓨팅시스템을 작동시키기 위한 프로그램 혹은 기술

우리 생활 속의 예시를 떠올려봅시다. 같은 스피커지만 기존에 사용하던 스피커는 일반적인 소프트웨어 기능만 가지고 있고 인공지능 스피커는 더욱 확장된 기능을 갖습니다. 스스로 두 스피커의 차이점을 생각해봅시다.

소프트웨어	인공지능 소프트웨어	차이점
스피커	인공지능 스피커	스피커는 재생 목록의 노래가 나온다. 인공지능 스피커는

생각해보았나요? 가장 명확한 차이를 보여줄 수 있는 상황을 보여줄게요!

소프트웨어

소프트웨어는 구체적인 명령이 필요합니다. "내가 좋아하는 노래를 틀어 줘!"와 같이 명확하지 않은 명령에 혼란스러워합니다. 소프트웨어는 'A가수의 B라는 노래를 재생 목록에 담고, 재생 버튼을 누르면 노래를 튼다.' 라고 구체적으로 지시해 주어야 아래와 같은 과정을 거쳐 내가 좋아하는 노래를 틀어줍니다.

[스피커(소프트웨어) 동작 순서]

반면, 인공지능은?

'좋아하는 노래'를 재생하기 위해 평소에 자주 듣던 노래를 분석합니다.

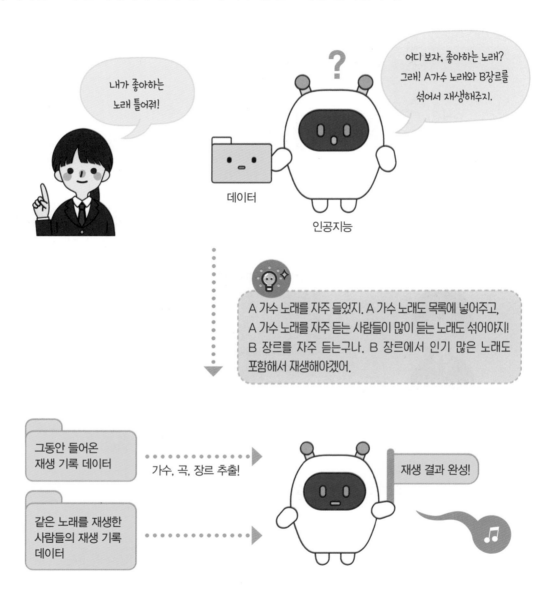

인공지능은 그동안 내가 들었던 노래 목록을 분석하여 가수와 곡, 장르를 구분합니다. 나와 같은 곡을 재생한 사람들의 노래 목록을 가져와서 내가 좋아할 만한 곡을 추천하기도 합니다.

이렇게 인공지능은 사람처럼 생각하여 내가 좋아하는 노래를 틀어줄 수 있습니다.

다른 예제를 보겠습니다. 전자레인지는 인공지능일까요?

전자레인지에 치킨을 데워봅시다.

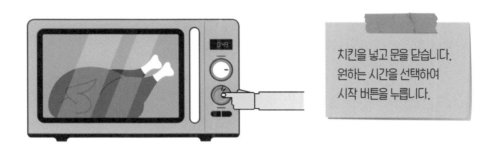

어떤가요? 전자레인지는 지시에 따라서 작동할 뿐입니다. 그러므로 인공지능이 아닙니다.

그렇다면, 전자레인지에 인공지능 기능이 추가된다면 어떻게 작동할까요?

전자레인지를 향해 "치킨 좀 데워줘"라고 말하면, 음성을 인식하고 명령을 이해합니다.

그리고 "네, 그렇게 할게요."라고 대답하며 저절로 뚜껑이 닫히고 치킨에 알맞은 시간과 온도를 설명하여 가열을 시작합니다.

완료되면 "완료되었어요."라는 안내와 함께 다른 기기와 연결되어 어플로 종료 알람까지 전송합니다. 지시를 듣고 사람처럼 척척 진행한다고 느껴지지 않나요?

이런 모습이라면, 인공지능이라고 불러도 손색없겠지요?

2 인공지능, 언제부터 똑똑했던 거야?

인공지능은 처음부터 사람이 원하는 결과를 뚝딱하고 내놓을 수 있을까요?

그렇지 않습니다. 인공지능은 우리의 기대처럼 스스로 생각하고 대답하는 똑똑한 인공지능이 되기 위해서 **학습**이 필요합니다.

아직 학습한 게 없어서 아무 글자도 읽을 수 없어! 말도 전혀 알아들을 수가 없네.

사람도 태어났을 때 말도 할 수 없고, 명확한 답도 내릴 수 없지요. 따라서 인공지능도 갓 태어난 아기처럼 처음부터 차근차근 먼저 학습해야 합니다. 즉, 사람처럼 배운 것을 기반으로 응용하고 발전할 수 있는 학습 능력이 인공지능에게 존재한다는 것이죠!

스팸 문자 분류 시스템으로 인공지능의 학습 과정을 간단히 살펴봅시다.

소프트웨어는 스팸 필터에 등록해 둔 단어로 스팸 문자를 거르는 방법을 사용합니다. 프로그래머는 '이벤트, 세일, 부업이 들어간 단어는 스팸 문자함으로 보내라!'라고 구체적으로 지시합니다. 스팸 문자에 포함되는 문구들을 스팸 필터에 정확히 입력해줘야만 하는 것이지요.

이때, 스팸 공격 유형이 발전해서 스팸 문구 사이에 ♡,♠와 같은 특수 문자 넣기, 스팸 문구를 영어로 변경하여 쓰기, 새로운 스팸 문구 쓰기 등의 방식으로 바뀐다면 어떻게 해야 할까요?

기존에 등록된 단어로는 스팸 문자를 분류할 수 없어 추가로 단어를 등록해줘야 합니다.

반면, **인공지능**이 스팸 문자를 분류한다면 인공지능이 학습한 데이터(사람들이 입력한 스팸 문구, 사람들이 스팸으로 등록한 문자 내용 등)를 토대로 패턴을 읽어서 새로운 규칙을 추가할 수 있습니다. 앞서 이야기한 스팸 문구 사이에 ♡, ♠와 같은 특수 문자 넣기, 스팸 문구를 영어로 변경하여 쓰기, 새로운 스팸 문구 쓰기 등의 방식을 어느 정도 인공지능이 분석하여 걸러내는 것이지요.

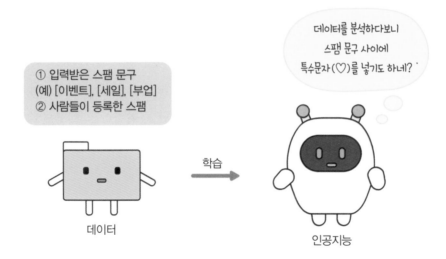

이렇게 보니 인공지능도 처음부터 똑똑하지 않았다는 사실을 알 수 있습니다. 우리가 다양한 경험을 해야 어떤 상황에서도 유연하게 잘 대처할 수 있듯이, 인공지능도 여러 가지 상황을 경험하며 학습해야지 똑똑해질 수 있다는 겁니다.

2-1 인공지능의 역사

똑똑한 인공지능을 만들기 위해서는 오랜 기간의 학습이 필요할 텐데, 오늘날의 인공지능 기술이 생겨나기까지는 어떤 과정이 있었고 얼마나 걸렸을지 궁금하지 않나요?

인공지능이 현대 사회에 떠오르는 핵심 기술이라고 하지만, 인간처럼 생각하는 기계를 만들겠다는 생각은 오랜 역사를 가져요. 기발하고 멋진 생각인 만큼 사람들의 기대와 실망이 컸던 역사라고 볼 수 있습니다.

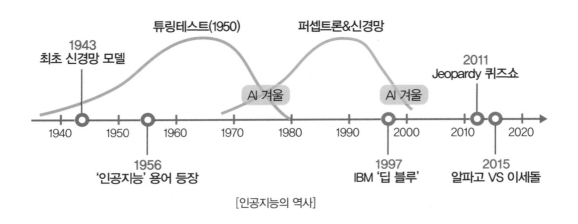

[인공지능의 역사]

1943년 워런 맥 컬로치와 월터 피츠에 의해 최초의 인공신경망 모델이 제시됩니다. 인공신경망 모델은 인간이 감각 기관으로 받아들인 정보를 두뇌로 처리하는 과정을 구조화한 것이지요.

인공지능 이론에 대한 연구는 이전부터 이루어졌지만, 1956년에 인공지능(AI: Artificial Intelligence)이라는 용어가 처음 등장하여 오늘날까지 불리게 되었어요.

1950년 컴퓨터의 아버지라 불리는 앨런 튜링(Alan Mathison Turing)은 컴퓨터가 지능을 가졌는지 평가하는 방법으로 튜링테스트(Turing Test)를 제안합니다. 튜링테스트는 컴퓨터와 사람을 대상으로 보이지 않는 상태에서 질문을 합니다. 컴퓨터와 사람에게 질문에 대한 답변을 받고, 컴퓨터가 인간과 구분할 수 없는 답변을 제공했다면 컴퓨터가 지능을 가졌다고 판단했지요.

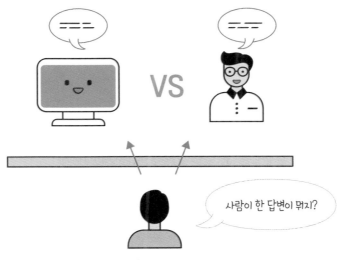

[튜링테스트(Turing Test)]

1950년부터 1970년 사이에는 튜링테스트 이론을 기반으로 인공지능의 연구와 기대가 과장되었고, 많은 연구가 기대에 못 미치는 결과와 실패를 거듭하면서 1차로 'AI의 겨울'이라 불리는 침체기에 들어가게 됩니다.

1980년부터 1990년에는 다시 인공지능의 붐이 일었습니다. 전문가의 지식을 인공지능이 학습하고 전문가처럼 문제를 해결하는 데 중점을 두었어요. 그러나 단층 퍼셉트론의 한계로 다시 인공지능 연구는 겨울기로 접어들었습니다.

1997년에는 IBM에서 개발한 슈퍼컴퓨터 '딥 블루(Deepblue)'가 세계 체스 챔피언 게리를 이기면서 인공지능은 다시 주목받았습니다. 이어서 2011년 퀴즈쇼에서 인공지능 '왓슨(Watson)'이 퀴즈 달인을 이겼으며, 2015년 이세돌과 대국에서 인공지능 '알파고(Alpha Go)'가 승리한 사건으로 인공지능은 세기의 주목을 받았죠.

인공지능 연구와 역사는 길었지만, 기술적인 한계에 부딪히며 시행착오를 겪었습니다.

오늘날에는 정보 통신 기술의 발달로 많은 정보를 짧은 시간에 모을 수 있게 되었고, 빅데이터 기술로 서로 다른 형태의 아주 많은 양의 데이터를 연산할 수 있습니다. **클라우드 컴퓨팅 기술*** 로 여러 고성능의 컴퓨터를 한 대처럼 사용할 수 있게 됩니다.

이런 까닭에 인공지능은 4차 산업 혁명 시대에 더욱 핵심 기술로 자리 잡게 되었답니다.

---

*클라우드 컴퓨팅 기술: 인터넷 네트워크 연결을 통해 서버나 저장 공간 등을 확장시킬 수 있습니다.

약인공지능과 강인공지능, 초인공지능

오래전부터 사람들은 다양한 종류의 인공지능을 상상하고 구현해 왔습니다. 또, 우리는 그 상상의 결과를 SF 소설이나 영화에서 확인해 볼 수 있습니다.

영화 에이 아이(A.I.)

영화 그녀(Her)

영화 아이, 로봇

청소나 요리와 같은 집안일을 도와 인간의 생활을 편리하게 만들어 주는, 주인공과 동반자가 되어 모험을 떠나 문제를 해결하는, 인간처럼 감정을 느끼고 공감하며 소통할 수 있는, 인간의 예상을 빗나간 선택을 하는 등의 다양한 인공지능을 만날 수 있습니다.

그중에 현재 우리가 사용하고 있는 인공지능도 있을 것이고 아직 만들어지지 않은 인공 지능도 있습니다. 내가 이전에 본 소설이나 영화 속에 나왔던 인공지능을 떠올려 보면 더욱 좋습니다.

현재 만들어진 인공지능은 어떤 기능을 수행하나요?

아직 실제로 구현되지 못한 인공지능은 어떤 차이가 있을까요?

먼저, 존 설 교수가 제안한 개념에 따르면 약인공지능과 강인공지능으로 나눌 수 있습니다.

약인공지능은 단순히 주어진 문제를 해결하는 데 중점을 둡니다. 특정한 작업을 수행하는데 제한된 유용한 도구로써 만들어진 인공지능이지요. 현재 실제로 만들어진 모든 인공지능은 약인공지능이라고 볼 수 있습니다. 스팸 문자 분류 시스템, 알파고, 딥 블루가 모두 약인공지능이지요.

강인공지능은 지능을 가지고 자발적인 결정을 내린다는 점에서 차이가 있습니다. 인간의 지능과 같거나 그 이상의 지능을 가진 인공지능을 강인공지능이라고 말합니다. 인간의 예상을 빗나가 더 뛰어난 선택을 하는 인공지능, 감정과 창의성을 가지고 인간과 소통하는 인공지능과 같이 아직 만들어지지 않은 인공지능이 강인공지능의 예입니다.

약인공지능과 강인공지능 이외에도 여러 학자에 의해 초인공지능이라는 영역이 구분됩니다. 초인공지능은 인간이 아니라 강인공지능이 만들 가능성이 높다고 여겨지므로 모든 부분에서 인간의 지능을 뛰어넘는 인공지능을 말합니다. 인공지능 미래학자인 레이 커즈와일은 인공지능이 인간을 뛰어넘는 시기가 2045년경에 올 것으로 예견했고, 이 시기를 '특이점'이라고 규정하기도 했습니다.

약인공지능의 수준에서 벗어나 인공지능이 사람의 능력을 초월하는 미래가 기다리고 있다는 겁니다. 이미 우리 생활 속에 들어온 인공지능을 잘 이해하고 활용하여 강인공지능과 초인공지능으로 인해 변화될 미래를 예측하고 대응할 필요가 있습니다.

3 인공지능으로 변화한 우리 생활 속 모습

인공지능이 우리 생활 여러 곳에 녹아들고 있습니다.
스마트홈이라고 들어보았나요? 말 그대로 똑똑한 집이 되었습니다.

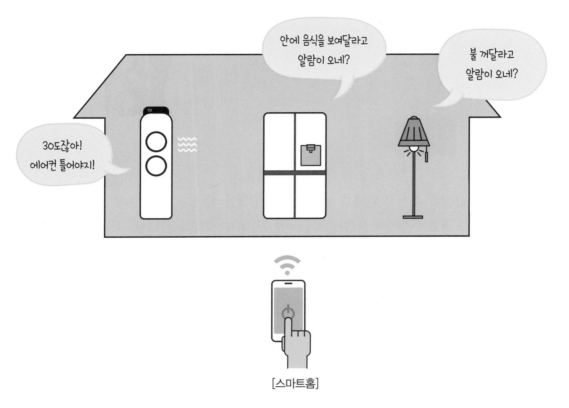

[스마트홈]

내가 조절하지 않아도 집 안이 춥다면 난방을, 덥다면 에어컨을 틀어줍니다.

밖에 나간 집 주인이 연결된 카메라를 통해 냉장고 안의 음식을 구경하기도 하고, 켜놓고 나간 조명을 꺼달라고 알람을 보내기도 합니다. 도어락과 같은 보안기기를 정비할 수도 있고 감시카메라를 볼 수 있을 것입니다.

스마트홈이 아니라면 어떻게 해야 할까요? 내가 추우면 스스로 난방을 틀어야 하고, 냉장고도 집에 가서 확인해야 합니다. 항상 집 나오기 전에 조명을 모두 꺼야 하고, 감시카메라는 집에 돌아가서 확인해봐야겠죠.

인공지능이 정말 똑똑한 집으로 만들어주고 사람과 소통까지 해주는 셈입니다.

집에서만 이런 일들이 일어나고 있을까요?

우리가 자주 접하는 음식점에서도 이와 비슷한 일들이 일어나고 있습니다!

음식점에서는 요리와 서빙을 사람이 아닌 로봇이 해주기도 합니다. 인공지능이 요리한다면, 정확한 양의 재료를 식별하고 일정 시간 안에 지치지도 않고 요리를 끊임없이 해냅니다. 서빙로봇 역시 테이블 번호를 보고 목적지까지 장애물을 요리조리 피하며 서빙을 합니다. 가는 길을 헷갈리지도 않고 정확한 테이블에 도달하겠지요.

[인공지능 서빙로봇과 요리로봇]

이것만이 아니라, 인공지능은 금융 범죄 예방에도 도움이 됩니다. 정보기술의 발달에 따라 다양한 사이버 금융 범죄들이 기승을 부립니다. 인공지능은 주소록에 저장되지 않은 전화번호와의 통화 기록을 분석해서 경고하는 알림을 보내기도 하고, 문자를 분석하여 스미싱*으로 의심되는 경우 스팸으로 분류해줍니다.

또한, 금융 기록을 분석하여 이상한 거래가 탐지되면 통장 거래를 중단시키기도 하고, 카드사에서도 이상한 거래가 보이면 감지해서 카드사용을 중단하기도 합니다. 이처럼 인공지능이 감시자의 역할을 대신해줍니다.

---

* 스미싱: 문자메시지(SMS)와 피싱(Phishing)의 합성어로'문자로 낚는다.'라는 의미다. 주로 문자메시지에 포함된 인터넷 주소를 클릭하면 악성코드가 스마트폰에 설치되어 소액 결제 등의 피해를 입히는 형태의 수법이다.

또, 인공지능으로 인해 택배 산업에서도 변화가 있습니다. 로봇이 택배를 올바르게 분류하고 목적지로 옮기기는 작업을 대신해줍니다.

운송사무원에게 최적의 경로를 추천하여 효율적인 작업이 이루어지도록 도와줍니다. 이때, 택배 종류와 크기, 이동 거리, 날씨, 주유소 위치까지 수많은 요소를 고려하여 택배 배송 경로를 추천합니다. 실제로 인공지능의 도움을 통해 운행 거리와 시간이 10% 이상 감소했다고 합니다.

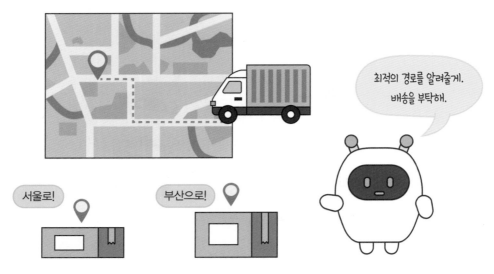

그리고 다양한 분야에서 상담원의 역할을 합니다. '챗봇'이라는 이름으로 사람을 대신해 간단한 질문에 대한 답을 하며 상담을 해줍니다.

여행자 보험을 들기 위해 인원, 목적지, 날짜 등을 입력하면 금액을 비교해서 알려주기도 하고, 원하는 여행 스타일을 선택하면 알맞은 추천 음식점, 장소를 알려주기도 합니다.

이 외에도 인공지능으로 변화한 우리의 생활 모습이 무엇이 있을까요?

[챗봇(chatbot)]

3-1 자율 주행 자동차

자율 주행 자동차는 운전자의 조작 없이 스스로 주행이 가능한 자동차입니다. 인공지능이 마치 사람처럼 차를 운전해준다는 것이죠.

GPS
차량의 경로와 위치 판단

라이다
레이저를 통해 주변 환경을 자세히 인식

카메라 센서
신호등, 차량, 보행자 등을 분별

레이더
전파를 통해 앞과 뒤에 차량이 있는지 인식

초음파 센서
다른 차가 가까워지는지 인식

레이더
전파를 통해 앞과 뒤에 차량이 있는지 인식

[자율주행자동차의 센서]

사람이 감각 기관을 통해 세상을 보듯 자율 주행 자동차는 센서를 통해 세상을 봅니다. 사람이 운전할 때 눈으로 주변에 보행자와 차량이 있는지 보고 신호등이 무슨 색인지 분별하듯이, 자율 주행 자동차는 카메라로 보행자와 차량, 신호등의 색깔을 인식하고 분별합니다.

레이더 센서와 라이다 센서로는 주변 환경을 360도 인식하고 앞뒤 차량 여부를 인식할 수 있습니다. 인공지능이 스스로 운전 방향을 결정하고 다른 차량과 거리를 유지하며 안전하게 주행합니다.

초음파센서는 다른 차가 가까워지는지를 인식하고 실시간으로 주변 장애물과의 거리를 측정할 수 있어 인공지능은 자동차의 속도를 조절하거나 충돌 경고음을 알릴 수도 있습니다.

즉, 다양한 센서를 통해 주변 환경을 인식하고 인공지능은 수집한 데이터로 주행 결정을 내립니다.

센서로 수집한 데이터를 통해 인공지능이 어떤 결정을 내리는지 살펴봅시다.

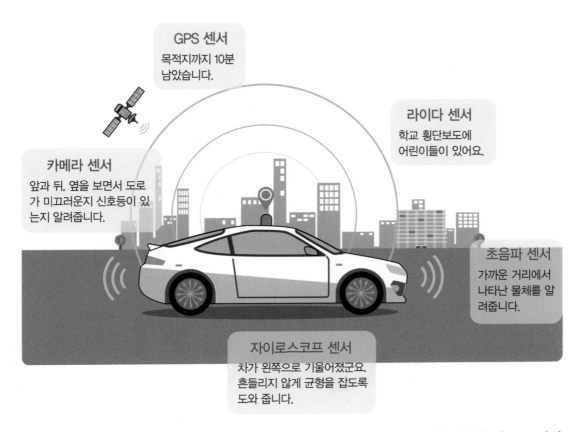

GPS 센서
목적지까지 10분 남았습니다.

라이다 센서
학교 횡단보도에 어린이들이 있어요.

카메라 센서
앞과 뒤, 옆을 보면서 도로가 미끄러운지 신호등이 있는지 알려줍니다.

초음파 센서
가까운 거리에서 나타난 물체를 알려줍니다.

자이로스코프 센서
차가 왼쪽으로 기울어졌군요. 흔들리지 않게 균형을 잡도록 도와 줍니다.

　운전을 시작하면 인공지능은 GPS 센서로 현재 위치를 파악하고 목적지까지의 경로를 계획할 겁니다. 운전을 하는 중에도 주변 도로 상황을 파악하여 최단 시간에 목적지에 도달할 수 있도록 도움을 줄 수 있어요.

　카메라 센서는 주변 환경을 촬영하여 사방을 인식합니다. 인공지능이 미끄러운 도로를 보고 속도를 줄이고 신호등의 색깔을 감지하여 주행하고 정지할 수 있습니다.

　라이다 센서는 학교 횡단보도에 어린이들이 있음을 확인하고 알려주기도 하지요.

　초음파센서는 가까운 거리에 나타난 물체를 알려주기 때문에 사람이 운전 중에 온 신경을 집중하여 사방을 둘러보지 않아도 됩니다. 인공지능이 갑자기 끼어드는 차나 동물, 물건을 감지하여 스스로 피하고 알람도 울려줄 수 있기 때문이에요.

　자이로스코프 센서는 차의 기울기와 회전속도를 측정합니다. 인공지능은 흔들리는 상황에서 차 균형을 잡아주며 안전하고 멋진 운행이 되도록 도와주겠지요.

---

* GPS : 인공위성에 보낸 신호를 수신하여 현재 위치를 계산하는 위성항법시스템

그럼 자율 주행 자동차를 타고 운전한다고 상상해봅시다. 여러분은 인공지능에게 모든 것을 맡기고 편하게 누워서 갈 수 있을까요?

어딘가 불안한 기분이 드는 것은 아직 인공지능 기술이 완전하다고 느낄 수 없어서입니다. 자율 주행 기능을 지원하는 자동차들이 많이 출시되고 있지만, 여전히 완전 자율 주행 기능은 실현되지 못하고 새 차 개발과 함께 발전하고 있습니다.

그럼 다음과 같은 상황을 상상해봅시다.

진수는 가족들과 제주 여행을 마치고 돈암동 집으로 돌아와 휴식을 취하고 샤워했습니다. 갑자기 친구들과 저녁 약속이 생겨 인공지능에게 날씨를 물어봤습니다. "안녕 인공아, 현재 날씨 좀 알려줘." 인공지능은 "도남동의 날씨는 매우 화창하고 온도는 24도로 따뜻합니다." 라고 대답합니다. 진수는 일말의 의심도 없이 가벼운 옷차림으로 집을 나섭니다. 어떤 결과가 벌어졌을까요?

제주특별자치도 제주시 도남동의 날씨는 매우 화창하고 24도로 따뜻한 날씨가 맞았지만, 서울특별시 성북구 돈암동의 날씨는 비가 내리고 18도로 선선한 날씨였죠. 진수는 다시 집으로 올라가 옷을 갈아입고 우산을 챙겨야 하는 상황이 벌어집니다. GPS 센서가 작동하지 않아 인공지능은 여전히 제주시 도남동을 현재 위치로 인식한 것이지요.

비록, 진수가 약속을 시간을 늦거나 집으로 다시 올라가야 하는 번거로움이 생길 수 있지만, 이 상황에서 센서가 고장 난 것은 큰 문제가 되지 않았습니다.

하지만, 주행 중에 센서가 고장 난다면 어떤 일이 벌어질까요? 다음 그림의 물음에 빈칸을 채워보고 예시 답안과 비교해봅시다.

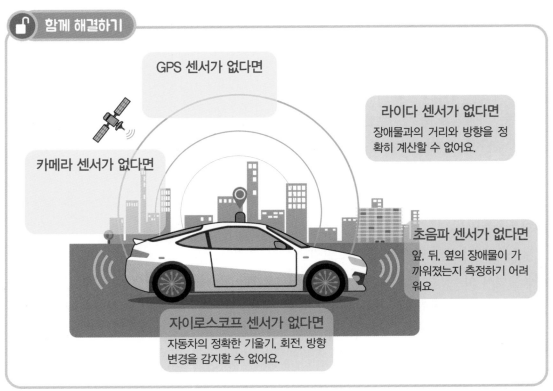

함께 해결하기

GPS 센서가 없다면

라이다 센서가 없다면
장애물과의 거리와 방향을 정확히 계산할 수 없어요.

카메라 센서가 없다면

초음파 센서가 없다면
앞, 뒤, 옆의 장애물이 가까워졌는지 측정하기 어려워요.

자이로스코프 센서가 없다면
자동차의 정확한 기울기, 회전, 방향 변경을 감지할 수 없어요.

참조 답안

GPS 센서가 없다면
현재 위치를 정확하게 알 수 없어 자율주행이 어려울 수 있습니다.

카메라 센서가 없다면
현재 위치를 정확하게 알 수 없어 자율주행이 어려울 수 있습니다.

미래에 완전한 자율 주행이 가능할지라도 우리는 현재 기술의 장단점을 정확히 파악하고 자율 주행 기능을 잘 활용할 필요가 있습니다.

우선, 자율 주행 기술로 인한 장점들을 생각해봅시다.

장점

1 인공지능이 대신 많은 것을 알려주니까 운전 미숙으로 인한 사고 발생이 줄어든다.

"옆에 차가 갑자기 가까워졌어!", "이대로 주차하다가는 옆에 차에 긁히겠어!"

2 다양한 교통 혼잡 원인이 줄어들어 교통 혼잡이 줄어든다.

사고 줄고, 공사 중인 장소 미리 탐색하여 돌아가고,
운전자들의 욕심으로 생기던 끼어들기가 반복되서 생기던 교통체증은 인공지능이
운전하면서 사라지고.

3 주차 공간 자동 탐색이 가능하다.

"500m 떨어진 주차장에 주차 자리가 많이 있네!"

4 운전이 어려운 고령자 등의 이동 할 수 있는 기회가 확대된다.

"브레이크를 대신 눌러주어 너의 다리가 되어줄게! "
"잘 안 보이는 부분까지 내가 대신 봐줄게!"

자율 주행 기술로 운전함으로 발생하는 단점들은 다음과 같이 생각해볼 수 있습니다.

단점

1 사고 책임은 누구에게? 명확하지 않다.

"운전자? 자동차? 자동차 제조사?"

2 시스템 오류로 인해 중대 사고가 발생할 수 있다.

"갑작스러운 센서 고장으로 보행자 인식하지 못한다면?"

3 해킹으로 인하여 차량의 제어권이 넘어가서 여러 문제 발생이 가능하다.

"해킹으로 인한 시스템 오작동, 원격 작동이 벌어진다면?"

현재 교통 상황 분석!
덜 혼잡한 곳으로 가야지.

주차 공간
탐색!

해킹 당해서
다른 사람이
차를 도난하면 어쩌지?

매뉴얼로
운전하니까 불법
끼어들기는 하지
않겠지?

누가 해킹을 해서
사고 내면 어쩌지?

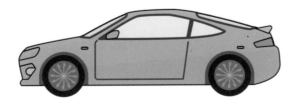

[자율주행자동차의 장단점]

3-2 스마트 팜

  스마트 팜(Smart Farm)은 인공지능과 사물인터넷, 지리정보시스템 등 정보기술을 활용해 지능화된 농장을 의미합니다.

  센서로 농장의 환경을 측정하고 적절한 온도와 습도를 유지하기 위해 창문을 열지 말지, 난방을 더 할지 말지를 스스로 결정합니다. 해로운 잡초나 벌레를 발견하여 제거할 수도 있으며 부족한 영양분을 확인하여 충분한 비료를 공급해 줄 수도 있겠죠. 동물의 이상 행동을 보이면 이유를 분석하여 사료나 물을 주는 시기를 조절할 수 있습니다.

  24시간 농장을 정밀히 감시하는 사람이 하기 힘든 일을 인공지능이 대신해 줄 수 있습니다. 또 매일 쌓아둔 데이터들을 모아서 더 훌륭한 재배 환경과 축사를 구성할 수도 있겠지요?

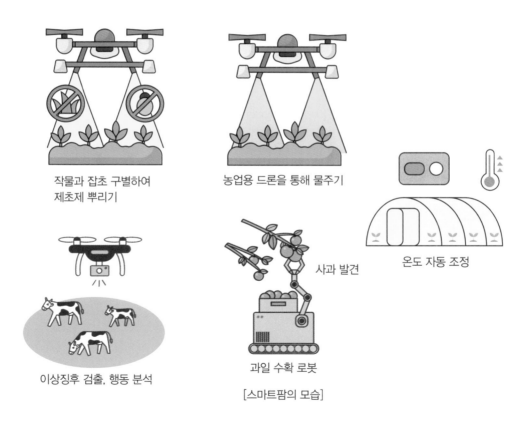

작물과 잡초 구별하여
제초제 뿌리기

농업용 드론을 통해 물주기

온도 자동 조정

사과 발견

이상징후 검출, 행동 분석

과일 수확 로봇

[스마트팜의 모습]

  스마트 팜의 예시가 담긴 그림을 둘러보며 여러분도 어떤 기능이 추가되면 좋을지 생각해봅시다.

3-3 위험한 일을 대신 해주는 인공지능

인공지능은 위험한 일을 대신 해준다는 점도 특별합니다.

화재가 발생했을 때, 가까이 다가가서 화재의 정확한 위치와 규모를 탐색하고 물을 뿌려 화재 진압에 도움을 줄 수 있습니다. 탐색 후에는 화재 정보를 파악하여 적절한 장비와 인력을 배치하도록 알리기도 합니다.

우주는 사람에게 여러 가지 위험한 요소들을 가지고 있습니다. 극도로 높은 온도와 낮은 온도를 가지고 있고 질소와 압력이 존재하지 않아 사람에게는 아주 치명적인 공간이죠. 인공지능은 사람 대신 위험한 우주로 날아가 탐험을 수행합니다. 우주 탐험 중에는 우주의 광물을 채집하고 행성, 별 은하 등 수집한 대량의 데이터를 분석하고 해석하는 역할을 해냅니다.

바다 깊숙한 곳에 사는 해양 생물을 채취하여 조사할 수도 있고, 깊은 산 속에도 대신 가서 조난자를 찾아 구조해줄 수도 있을 것입니다! 인공지능이 우리를 대신해서 또 어떤 일을 해줄 수 있을까요? 그림을 참고하여 아래 빈칸에 추가로 그려봅시다.

🔓 **함께 해결하기**　　로봇은 위험한 일을 사람 대신 합니다.

소방관 아저씨들의 위험한 일을 돕습니다.

산불의 위치나 규모를 알려 줍니다.

광물을 채집하거나 사진을 촬영하며 우주 탐사를 합니다.

생활 속에 인공지능 심기

교실 속에 인공지능을 심어볼까요?

아래 그림에 추가하고 싶은 인공지능을 적어봅시다.

☀️ **힌트 보기**

"청소를 인공지능이 도와줄 순 없을까?"

"수업을 시작하려면 티비를 켜야 하는데?"

"앗, 칠판 지워야 하는데!"

"식물 물 주는 것 깜빡하면 어쩌지?"

3-5 메타버스에서 인공지능의 역할

메타버스는 현실 세계를 그대로 온라인에 옮겨놓은 3차원 가상 세계입니다. 그 안에서는 현실 세계처럼 경제 · 문화 · 사회 등 모든 활동이 이루어집니다.

메타버스에서 학습

[메타버스 교실]

[통일부 DMZ 유니버스 체험 화면]

◈ 인공지능이 학생들의 학습 데이터를 분석하여 개별 학생의 능력에 맞게 수업 자료를 제공합니다.

◈ 메타버스 세상에서 부족한 학습 주제를 찾아내고 관련 문제를 제작하여 제공합니다.

메타버스에서 취향

[메타버스의 도시]

[메타버스의 옷장]

◈ "높은 건물이 많은 도시를 건축해주세요." 하면 인공지능이 도시를 건설해줍니다.

◈ 인공지능이 우리의 취향을 분석하여 유사한 옷을 추천합니다.

실전편

인공지능 체험하기

내 그림을 인공지능이 멋지게 바꾸어 줘요

AutoDraw를 활용하면 그림을 잘 못 그리더라도 인공지능의 도움을 받아 원하는 그림을 만들어낼 수 있어요.

AutoDraw 사용설명서

1 AutoDraw 사이트 (https://www.autodraw.com)에 접속합니다.
➡ 주소창에 주소를 입력하거나 포털사이트에 '오토드로우' 검색을 통해 접속할 수 있어요.

2 페이지 상단에 내가 그린 그림과 유사한 인공지능 그림이 추천이 뜹니다. 이 중 원하는 그림을 선택하면 선택한 그림으로 변환합니다.

그리기 도구 설명

기호	명칭	설명
⊕	select	그림의 크기나 위치를 조정 혹은 선택한다.
⊙	AutoDraw	그려진 그림을 분석하여 자동으로 유사한 그림을 추천해준다.(인공지능이 그린 그림)
✎	Draw	글씨를 입력한다.
T	Fill	그림에 색을 채운다.
⬤	Shape	도형을 그린다.
⬤	–	색상을 선택한다.
⬤	Zoom	화면을 확대한다.
⊕	Undo	직전 작업을 취소한다.
↺	Delete	그림을 지운다.

3 페이지 상단에 내가 그린 그림과 유사한 인공지능 그림이 추천이 뜹니다. 이 중 원하는 그림을 선택하면 선택한 그림으로 변환합니다.

33

튜링테스트 게임

인공지능의 역사에 큰 영향을 줬던 튜링테스트를 체험해 보도록 해요. 튜링테스트는 실제로 질문자가 독립된 방에 있고 원격 터미널만을 사용하여 소통합니다. 누가 말을 하고 있는지 추측할 수 없는 환경에서 질문자가 컴퓨터를 인간이라고 여기게 할 수 있다면 통과하는 방식입니다.

게임 설명서

여러 명의 참가자 (앞으로 거짓말쟁이로 부른다.)가 모두 A 학생인척 채팅하고 한 게임 참가자 (앞으로 추적자로 부른다.) 는 대화를 통해 누가 A 학생인가 맞추는 게임입니다.
게임을 시작하기 앞서서 거짓말쟁이들은 20문항의 질문지를 준비하여 A 학생에게 답변을 적게 하고, 질문지의 답변을 참고하여 A 학생인 척 채팅방에서 대화합니다.

A 학생 질문지 내용 예시

이름 :
취미 :
나이 :
좋아하는 과목 :
좋아하는 계절 :

[튜링테스트(Turing Test)]

추적자는 거짓말쟁이들과 A 학생이 들어가 있는 오픈채팅방에 참여하여 총 10가지 질문을 던져서 답변을 보고 누가 A 학생인지 선택합니다.

추적자가 A 학생을 맞췄으면 추적자가 이긴 것이고 A 학생으로 거짓말쟁이 중 한 명을 택했다면 그 한 명의 거짓말쟁이가 이긴 것입니다.

이 게임에서 거짓말쟁이들은 입력된 데이터에 의해 잘 학습된 것인지 평가받는 인공지능이 된 것이고, 승리한 거짓말쟁이는 가장 잘 학습된 인공지능으로 선정된 셈입니다.

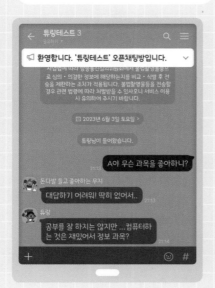

chapter **2.**

세상을 읽는 인공지능

1 정보로 가득 찬 세상, 필요한 데이터 습득하기

> 아직 학습한 게 없어서
> 아무 글자도 읽을 수 없어!
> 말도 전혀 알아들을 수가 없네.
> 내가 학습할 수 있도록 데이터를
> 입력해줘!

인공지능은 학습하기 전까지 아무것도 할 수도, 들을 수도, 판단할 수도 없습니다. 이런 인공지능이 생각이나 판단하게 하려면 우리는 어떠한 자료를 인공지능에게 전달해야 합니다. 그 자료를 데이터라고 합니다.

데이터는 어떤 종류가 있을까요?

다음은 한 학생이 가진 정보의 일부입니다. 그림을 보며 학생이 가진 정보의 데이터 유형이 무엇일지 생각해보고, 다음 장으로 넘어가 봅시다.

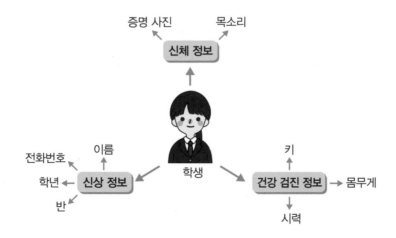

각 데이터의 형태는 다음과 같이 연결할 수 있습니다.

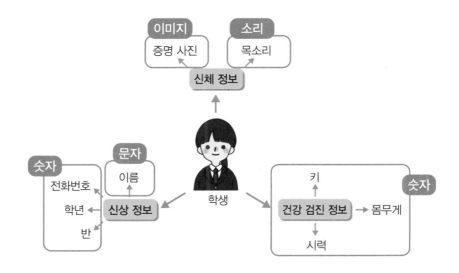

인공지능은 데이터 형태에 맞게 데이터를 인식하고 받아들입니다. 마치 사람처럼 소리를 듣고, 이미지를 보고, 숫자와 문자를 이해합니다. (데이터를 인식하는 구체적인 방법은 다음 장에서 설명합니다.)

그렇다면, 입력받은 데이터를 어떻게 활용할까요?

사례

사례1 증명사진을 통해 얼굴 인식을 한 후 등록된 이름, 반, 번호를 활용하여 출석체크 앱을 만듭니다.

사례2 키, 몸무게 등 신체 정보를 활용하여 권장 칼로리나 운동량을 추천해줍니다.

사례3 인공지능이 소설을 쓸 때 실제 학년별 이름 데이터를 수집하여 소설의 시점과 주인공 나이에 맞는 이름을 만들어줍니다.

위 사례처럼 인공지능은 필요한 데이터를 받아서 학습해야 똑똑하게 판단하고 우리에게 도움을 줄 수 있습니다.

2 인공지능은 어떻게 세상을 인식할까요?

사람이 눈으로 세상을 보고 귀로 소리를 듣듯이 인공지능도 센서를 통해 세상을 인식합니다. 인공지능은 사람보다 더 빠르게 세상을 인식할 수 있으며 포괄적인 데이터를 다룹니다.

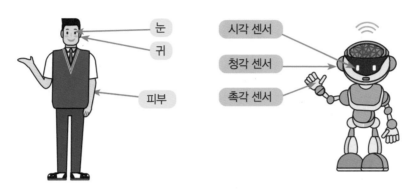

	사람	인공지능
시각	눈	더 빠른 이미지 처리
청각	귀	더 넓은 주파수를 감지
촉각	피부	인간보다 민감하지 못하지만 더 빠르고 정확한 감지

인공지능 로봇의 시각 센서와 청각 센서, 촉각 센서는 각각 사람의 눈과 귀, 피부의 역할을 대신합니다. 인공지능의 시각 센서는 눈보다 더 빠르게 이미지를 처리하고 청각 센서는 귀보다 더 넓은 주파수를 감지할 수 있습니다. 촉각 센서는 사람의 피부 감각보다 민감하지는 못하지만, 더 빠르고 정확한 감지가 가능합니다.

앞서 살펴보았던 자율 주행 자동차는 어떻게 세상을 읽는지 떠올려봅시다. 자율 주행 자동차의 센서는 카메라, 레이더와 라이다, 초음파센서가 있습니다. 사람의 눈, 귀, 피부가 느끼는 감각이 다르듯 각 센서의 역할도 달랐습니다. 카메라는 사람의 눈처럼 보행자와 신호등, 표지판 등을 감지하여 도로 상황을 인식합니다. 레이더와 라이다 센서로는 앞뒤 근접 차량이나 주변 사람, 물체를 감지하여 충돌을 예방합니다.

즉, 인공지능은 판단에 필요한 세상의 정보를 적절한 센서를 통해 받아들인다는 겁니다.

의료 분야에서는 수술용 로봇을 예로 들 수 있습니다. 카메라를 통해 신체 내부 구조를 실시간으로 제공하고 스스로 화면의 밝기를 조절하거나 흔들림을 보정 해서 수술이 어렵지 않도록 도와줍니다. 초음파센서는 뼈의 위치를 정확하게 전달하여 불필요한 절개나 방사선 노출로 인한 피해를 최소화할 수 있습니다. 수술 로봇의 촉각 센서는 단단하고 부드러운 정도를 감지하고 수치화하여 암 진단에 도움을 주기도 합니다.

수술용 인공지능은 다양한 센서로 정확한 신체 부위를 인식하고 의료진이 정밀한 동작을 수행하도록 보조하여 안전하게 수술을 마칠 수 있도록 돕습니다. 또한 센서로 수집한 다양한 데이터는 누적되어 인공지능을 통해 분석되고, 학습된 데이터를 기반으로 더욱 발전된 수술 로봇으로 거듭날 수 있습니다.

환자의 생존율을 높이고 의료진의 수술 부담을 줄여주는 인공지능, 센서를 통해 수집된 데이터로 어떤 기능을 더 추가할 수 있을까요?

그림의 빈칸을 채워 시각, 청각, 촉각센서를 갖춘 나만의 수술 로봇을 만들어봅시다.

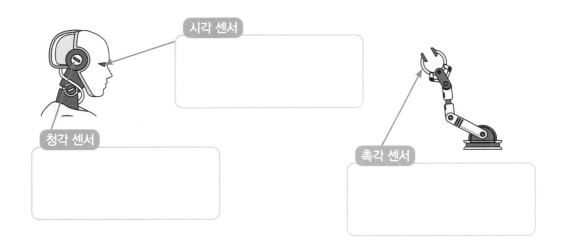

시각 센서

청각 센서

촉각 센서

참조 답안

- **시각 센서**: 환자 신체 구조에 알맞은 보철물의 크기와 각도, 위치를 추천해줍니다.
- **청각 센서**: 수술 중에 환자의 신체에서 이상 소리를 감지하여 소리가 나는 위치를 알려줄 수 있습니다.
- **촉각 센서**: 장기에 가해지는 압력이 적정선을 넘어가면 작동을 멈춰 안전한 수술을 돕습니다.

더 나아가 인공지능이 센서로 받아들인 이미지와 음성을 어떻게 분석하고 학습하는지 구체적으로 알아봅시다.

이미지 인식

인공지능이 이미지를 인식하여 그림 속 캐릭터의 감정을 읽는 과정을 살펴봅시다.

1 이미지 수집 및 탐지

인식해야 할 이미지를 가져와서 판단할 물체의 위치를 찾습니다. 인공지능은 기존에 학습된 데이터로 이미지에서 물체를 구분해 낼 수 있습니다. 아래처럼 두 개의 물체, 여기서는 캐릭터가 되겠죠. 캐릭터의 얼굴을 2개 탐지하였습니다.

2 이미지 특징 추출

다음은 이미지 특징을 찾아서 뽑아냅니다. 감지된 캐릭터의 얼굴에서는 눈, 코, 입 모양이 특징이 되겠죠. 단순한 선, 점과 같은 부분을 추출해서 이목구비를 인식하고 특징을 추출합니다.

화난 눈썹
내려간 입

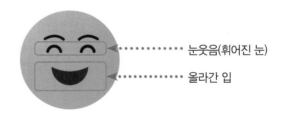
눈웃음(휘어진 눈)
올라간 입

3 이미지 인식

추출한 이미지의 특징과 기존에 학습했던 정보와 비교하여 캐릭터의 감정 상태를 인식합니다.

음성 인식

음성을 인식하는 과정을 이해해봅시다.

1 음성 신호 전달

"노래 틀어줘."라는 말을 듣고 음성을 인식합니다.

음성을 분석하려면 디지털 신호밖에 이해하지 못하는 인공지능을 위해서 음성 신호를 숫자로 바꾸어주어야 합니다. 이 과정을 '부호화'라고도 합니다.

참고 컴퓨터(인공지능)는 디지털 신호인 0과 1만 인식할 수 있어요. 0과 1 두 개의 숫자로만 이루어진 수 체계를 이진법이라고 합니다.

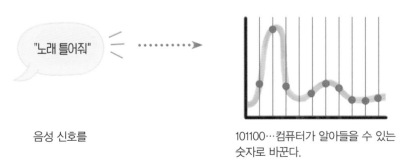

음성 신호를   101100…컴퓨터가 알아들을 수 있는
                          숫자로 바꾼다.

2 특징 추출

받은 숫자를 분석하여 음성이 가지고 있는 요소들을 뽑아냅니다. 이 요소는 '음소' 단위로 뽑아냅니다. 음소란 소리를 나타내는 가장 작은 단위로, 아래 보이는 것처럼 자음과 모음을 의미합니다.

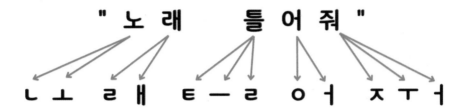

3 패턴 비교 단계

추출한 음소를 조합해서 기존에 가지고 있던 데이터들과 비교하여 맞춤법이 맞는지, 띄어쓰기가 잘되어있는지 점검과 대조 작업을 하며 문장을 해석합니다.

사람은 다른 사람의 말소리가 잘 안 들려서 '노래'가 '너래'로 들리거나, 잘못 말하더라도 기존에 내가 알고 있는 단어와 문맥을 통해 '노래를 틀어 달라는 거구나.'라고 알 수 있습니다. 인공지능 역시 이 패턴 비교 단계에서 학습된 데이터를 통해 정확한 문장으로 고쳐서 듣고 이해할 수 있습니다.

42

실전편

데이터 습득하기

인공지능과 가위바위보 게임을 해요

이번 장에서는 티처블머신을 활용하여 가위바위보 게임을 하기 위해 가위, 바위, 보 이미지를 학습하여 인식하는 인공지능을 만들어봅시다. 그러기에 앞서 우리는 반드시 웹캠이 준비되어야 합니다.

티처블머신이란?

티처블머신은 인공지능의 학습법을 배우고 활용할 수 있도록 구글에서 무료로 제공하는 인공지능 학습 도구입니다. 티처블머신은 이미지, 소리, 자세를 인식하고 학습하는 기능을 제공하며, 이번 실습에서는 이미지를 분석합니다.

티처블머신 사용설명서

1 티처블머신(https://teachablemachine.withgoogle.com/) 홈페이지에 들어갑니다.
　　➕ 주소창에 주소를 입력하거나 포털사이트에 '티처블머신' 검색을 통해 접속할 수 있어요.

2 [시작하기]–[이미지 프로젝트]–[표준 이미지 모델]을 클릭합니다.

3 아래와 같은 화면이 나오면, 인공지능이 학습하기 위한 데이터 샘플을 입력할 것입니다. 우선, 첫 번째 데이터 상자를 만들기 위해 웹캠을 클릭합니다.

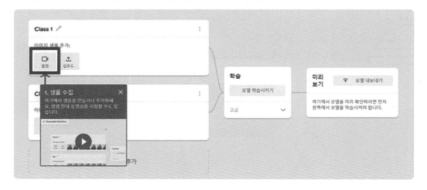

4 다음은 샘플 수집 단계입니다.

➕ 샘플 수집: 학습을 위한 훈련데이터 수집하는 것

이미지, 동작 등을 데이터로 활용하기 위해 수집하는 단계이다. 이미지 파일 업로드, 웹캠 촬영, 오디오 파일 첨부, 녹음 등을 사용하여 업로드할 수 있다. 이 단계는 인공지능을 만들기에 앞서 가장 기본적이면서 중요한 단계이다.

학습시키고 싶은 동작을 웹캠에 보이도록 하고, [길게 눌러서 녹화하기]를 누르면 이미지 샘플이 생성됩니다. 바위부터 학습시켜봅시다.

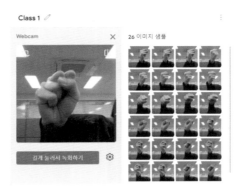

주먹을 웹캠 앞에 두고 움직여가면서 사진을
여러 컷 찍었습니다.

충분한 이미지 샘플이 추가되었으면, 연필 부분을 클릭하여 이미지의 분류를 위한 이름(정답)을 설정합니다. 저는 바위의 이름을 rock으로 설정했습니다.

5 가위랑 보자기도 같은 방식으로 반복하여 입력합니다.

6 인공지능이 입력된 데이터를 학습하도록 모델 학습시키기를 클릭합니다. 첫 번째 단계에서 수집한 데이터를 바탕으로 인공지능이 학습을 진행합니다.

7 아래 화면이 뜨는 동안 인공지능이 학습을 진행합니다.

8 결과가 나오면 미리보기를 통해 학습이 잘 완료되었는지 확인할 수 있습니다.

잘 되는군요! 그런데 문제가 하나 있습니다. 얼굴을 인식시켜도 rock으로 98%로 인식합니다. 왜 이런 현상이 일어날까요? 이런 현상이 일어나는 원인으로는 인공지능이 특징을 뽑아서 학습하기 때문입니다.

아무래도 제가 만든 미니 인공지능은 동그란 것을 다 주먹으로 구분하는 것 같습니다. 이러한 과정들을 보니, 인공지능을 섬세하게 사람처럼 학습시키는 일은 쉽지 않겠죠?

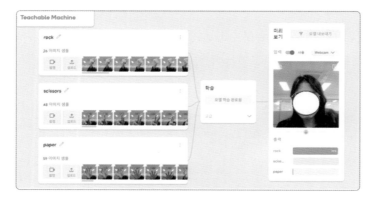

2 이미지 학습: 감정 읽기

우리가 인공지능이라고 생각하고 이미지를 보고 학습하는 과정을 겪어봅시다.

1 각 조에 감정이 적혀있는 카드를 1장씩 배부합니다.

2 각 조원들이 각자 그 감정에 맞는 표정을 백지 카드에 그린 후 조별로 묶어서 제출합니다.

3 각 조별로 제출한 카드 묶음을 서로 다른 조에 배부합니다.

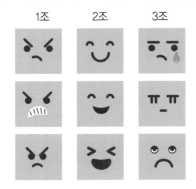

4 받은 카드 묶음에 있는 표정들을 분석해서 어떤 감정인지 조별로 상의해서 맞추고 이유를 이목구비별로 구체적으로 작성하게 합니다.

"눈썹이 올라갔어!", "입이 내려갔어! 따라서 감정은 분노야."

전체적으로 어렵지 않게 맞추었을 겁니다. 그 이유는 조원 모두 어떤 감정을 가졌을 때 갖는 표정의 특징을 살아가면서 이미 학습했기 때문이겠지요. 인공지능도 이 특징을 학습한다면 사람처럼 이미지를 보고 감정을 읽을 수 있겠지요?

내 얼굴이 만화 캐릭터로?

교육용 프로그래밍 언어인 엔트리를 활용하여 인공지능 소프트웨어를 제작해 볼 겁니다.
인공지능 실습을 위한 기본 준비사항을 짚고 넘어가 봅시다.

엔트리 실습 기본 준비

1. 엔트리 홈페이지(https://playentry.org/) 접속하기
　＋주소창에 주소를 입력하거나 '엔트리' 검색을 통해 접속할 수 있어요.
2. 회원가입 및 로그인
　회원가입 없이도 엔트리 이용이 가능하지만, 인공지능 및 여러 가지 기능에서 제한적이에요!
3. 엔트리 [메뉴] – [만들기] – [작품 만들기]

엔트리 작품 만들기 핵심 기능

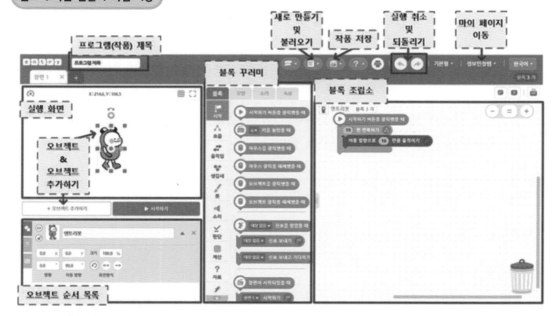

• **프로그램(작품) 제목**: 작품의 이름을 지정할 수 있습니다.
• **실행 화면**: 각 오브젝트가 프로그래밍으로 작동하는 결과를 보여주는 화면입니다.
• **오브젝트**: [+오브젝트 추가하기] 버튼을 통해 다양한 오브젝트를 추가하며, 작동하고자 하는 오브젝트를
　　　　　클릭하여 프로그래밍할 수 있습니다.

- **오브젝트 순서 목록**: 드래그를 통해서 겹쳐지는 오브젝트의 우선순위를 지정할 수 있습니다.
- **블록 꾸러미**: 관련 메뉴를 클릭하여 필요한 블록을 가져올 수 있습니다. 각 블록의 색상이 메뉴의 색상과 같다는 사실을 알면, 책에서 소개된 블록을 찾기 쉽습니다.
- **블록 조립소**: 블록 꾸러미에 있는 블록을 드래그하여 순서에 맞게 명령어를 입력합니다. (프로그래밍)
- **기타 기능**: 아이콘을 클릭하여 새로 만들기 및 불러오기, 작품 저장, 실행 취소 및 되돌리기, 마이 페이지 이동 등의 기능을 활용할 수 있습니다.

기본 준비가 끝났다면, 이번 실습에 필요한 인공지능 이미지 인식 기능 불러와 봅시다.

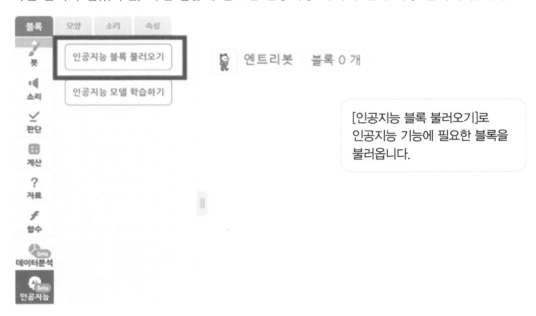

엔트리 인공지능은 번역, 비디오 감지, 오디오 감지, 읽어주기 기능을 제공합니다.
[비디오 감지] 버튼을 클릭하여 이미지 인식 기능을 하는 블록들을 불러옵니다.

비디오 감지 기능은 사람(신체), 얼굴, 사물 등을 인식하기 위해 카메라를 사용하기 때문에 우리가 사용하고 있는 컴퓨팅 기기에 카메라가 있는지 확인해야 합니다. 만약 카메라가 없다면, 카메라가 있는 컴퓨팅 기기를 활용하거나 웹캠과 같은 카메라 외부장치를 기기에 연결하여 활용해 봅시다.

이미지 인식에 필요한 비디오 감지 블록을 불러왔습니다. '로딩 완료' 알림을 통해 블록을 불러오는 데 성공했음을 알 수 있습니다.

자, 이제 비디오 감지 블록을 활용하여 이미지를 인식 인공지능 프로그램을 만들 준비가 끝났습니다.

요즘은 사진 앱에서 카메라에 인식된 얼굴에 다양한 효과를 더해 재미난 사진이나 영상을 만들 수 있습니다. 사람들은 그 결과물을 SNS에 공유하며 소통합니다. 언제 어디서나 스마트 기기만 있으면 내 얼굴이 만화 속 캐릭터로 변할 수도 있고 내가 짓는 표정에 따라서 사진에 입혀지는 효과도 달라집니다.

그렇다면 어떻게 인공지능이 나의 얼굴을 만화 속 캐릭터로 바꾸고 표정에 따라 다른 효과를 줄 수 있을까요? 내가 사용해봤던 카메라 앱을 상상해봅시다.

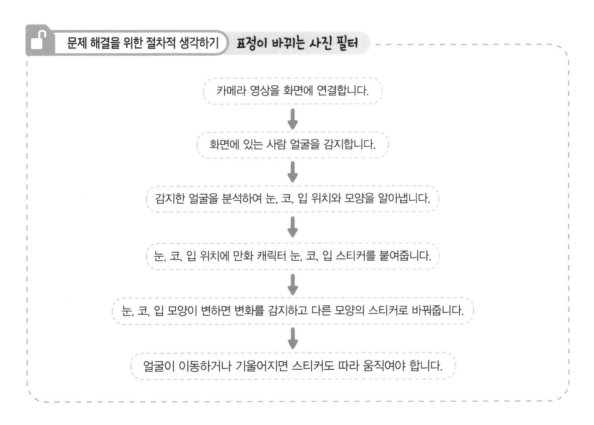

생각보다 어렵지 않지요?

이 절차에 따르면 인공지능 이미지 인식 기술을 활용한 나만의 카메라 필터를 쉽게 만들 수 있습니다.

엔트리 비디오 감지 기능은 얼굴 인식을 통해 사람의 성별/ 나이/ 감정을 알 수 있습니다.

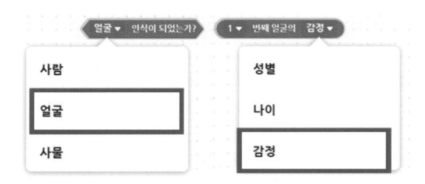

이미지 인식을 통해 내 얼굴을 인식하고 내가 지은 표정이 무슨 감정인지 알려줄 수 있겠죠. 따라서 인공지능이 내 표정을 감지하여 나의 감정이 행복인지 슬픔인지를 판단하고, 감정에 해당하는 스티커로 변경할 수도 있습니다.

프로그램 시작 화면

무표정일 때 AI 로봇의 출력과 만화 캐릭터 표정

행복한 표정일 때 AI 로봇의 출력과 만화 캐릭터 표정

슬픈 표정일 때 AI 로봇의 출력과 만화 캐릭터 표정

「문제 해결을 위한 절차적 생각하기」의 순서에 따라 엔트리로 표정이 바뀌는 사진 필터를 만들어봅시다.

카메라 영상을 화면에 연결합니다.

'소놀 AI 로봇' 오브젝트를 추가합니다. 다음과 같이 시작할 때 AI 로봇의 모양을 설정해 주고 실행 화면에 비디오 화면을 띄우고 얼굴 인식을 시작합니다.

화면에 있는 사람 얼굴을 감지합니다.

'소놀 AI 로봇'이 비디오 연결과 얼굴 인식이 잘 되었는지 확인해줄 수 있도록 해봅시다.

비디오가 연결되기 전에는 '비디오가 연결되지 않았습니다!'라는 알림을 띄우고, 비디오 연결 후에는 얼굴 인식 여부를 알려줍니다. 「계속 반복하기」블록을 통해 얼굴이 제대로 인식되지 않았다면 계속 '얼굴을 정면에 위치시켜주세요!'라고 알립니다.

다음으로, 「만일 얼굴 인식이 되었는가? (이)라면」 조건 아래는 표정을 감지하고 감정을 출력해주는 과정이 필요합니다. 인식된 얼굴의 감정을 감지하고 AI 로봇이 행복, 슬픔, 무표정을 판단해 주는 거죠.

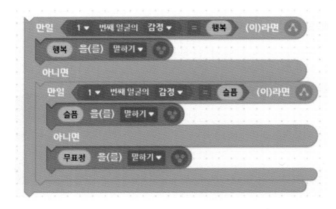

'소놀 AI 로봇' 오브젝트의 완성 코드입니다.

1번째 얼굴은 처음 감지된 얼굴을 뜻하고 행복, 슬픔, 무표정 이외에도 놀람, 분노, 혐오, 두려움 등 다양한 감정을 인식할 수 있습니다.

사람의 얼굴을 인식하여 만화 캐릭터의 눈, 코, 입으로 바꿔줄 차례입니다. 먼저, 사용할 오브젝트를 준비합니다. 왼쪽 눈, 오른쪽 눈은 '초롱초롱 눈 스티커' 오브젝트를 가져와서 왼쪽 눈, 오른쪽 눈만 남기도록 수정해줍니다.

[모양] 〉 [지우개] 〉 눈 모양 수정

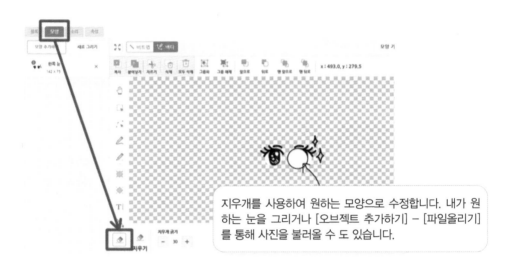

지우개를 사용하여 원하는 모양으로 수정합니다. 내가 원하는 눈을 그리거나 [오브젝트 추가하기] – [파일올리기]를 통해 사진을 불러올 수 도 있습니다.

왼쪽 눈 오브젝트의 [모양]– [새로 그리기]를 하여 다음과 같이 행복한 눈, 슬픈 눈을 왼쪽 눈, 오른쪽 눈 오브젝트에 각각 추가합니다.

예시는 [새로 그리기]를 사용해서 눈 모양을 그려 줬지만, [모양 추가하기]로 엔트리에서 제공하는 눈 모양을 활용해도 좋습니다.

왼쪽 눈, 오른쪽 눈 오브젝트 준비가 끝났으니 왼쪽 눈 오브젝트에 대한 명령어 블록을 맞춰봅시다.

감지한 얼굴을 분석하여 눈, 코, 입 위치와 모양을 알아냅니다.

↓

눈, 코, 입 위치에 만화 캐릭터 눈, 코, 입 스티커를 붙여줍니다.

처음 인식된 얼굴의 왼쪽 눈 x, y 좌표(가로축, 세로축)의 위치를 파악하고, 얼굴이 움직일 때마다 왼쪽 눈 오브젝트가 따라서 이동합니다.

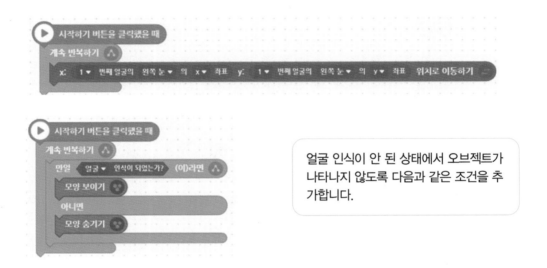

얼굴 인식이 안 된 상태에서 오브젝트가 나타나지 않도록 다음과 같은 조건을 추가합니다.

눈, 코, 입 모양이 변하면 변화를 감지하고 다른 모양의 스티커로 바꿔줍니다.

인식된 얼굴의 감정에 따라서 다음과 같이 왼쪽 눈의 모양을 바꿉니다. 얼굴 표정이 행복이나 슬픔의 감정이 아니라면 무표정으로 인식하도록 조건을 설정합니다.

56

다음과 같이 오른쪽 눈과 코, 입의 코드를 작성해줍니다. 단, 코는 감정의 변화가 있어도 변하지 않습니다.

오른쪽 눈 블록조립소

코 블록조립소

```
시작하기 버튼을 클릭했을 때
계속 반복하기
  x: 1▼ 번째 얼굴의 코▼ 의 x▼ 좌표 y: ( 1▼ 번째 얼굴의 코▼ 의 y▼ 좌표 + 10 ) 위치로 이동하기
```

```
시작하기 버튼을 클릭했을 때
계속 반복하기
  만일 얼굴▼ 인식이 되었는가? (이)라면
    모양 보이기
  아니면
    모양 숨기기
```

입 블록조립소

```
시작하기 버튼을 클릭했을 때
계속 반복하기
  x: 1▼ 번째 얼굴의 윗 입술▼ 의 x▼ 좌표 y: 1▼ 번째 얼굴의 윗 입술▼ 의 y▼ 좌표 위치로 이동하기
```

```
시작하기 버튼을 클릭했을 때
계속 반복하기
  만일 얼굴▼ 인식이 되었는가? (이)라면
    모양 보이기
  아니면
    모양 숨기기
```

```
시작하기 버튼을 클릭했을 때
계속 반복하기
  만일 1▼ 번째 얼굴의 감정▼ = 행복 (이)라면
    행복한 입▼ 모양으로 바꾸기
  아니면
    만일 1▼ 번째 얼굴의 감정▼ = 슬픔 (이)라면
      슬픈 입▼ 모양으로 바꾸기
    아니면
      입▼ 모양으로 바꾸기
```

얼굴이 이동하거나 기울어지면 스티커도 따라 움직여야 합니다.

    왼쪽 눈 오브젝트가 오른쪽 눈 오브젝트의 위치를 계속 바라보게 하고, 나머지(오른쪽 눈, 코, 입)오브젝트가 왼쪽 눈 오브젝트의 방향을 따라하게 되면 얼굴이 기울어져도 어색하지 않도록 눈코입이 기울어집니다. 각 블록 조립소에 다음 코드를 추가해봅시다.

왼쪽 눈 블록조립소

```
시작하기 버튼을 클릭했을 때
계속 반복하기
  오른쪽 눈 ▼ 쪽 바라보기
```

오른쪽 눈, 코, 입 블록조립소

```
시작하기 버튼을 클릭했을 때
계속 반복하기
  방향을 왼쪽 눈 ▼ 의 방향 ▼ (으)로 정하기
```

    프로그램이 완성되었으니 화면을 보고 행복한 표정, 슬픈 표정을 지어볼까요? AI 로봇이 나의 표정을 올바르게 인식하나요?

미국을 대표하는 온라인 종합 쇼핑몰 아마존은 세계 최초의 무인 슈퍼마켓인 '아마존 고'를 공개했습니다. 무인 슈퍼마켓에는 역시 인공지능 카메라 센서가 고객의 동선을 파악하고 구매 물품을 확인하며 비용을 청구합니다.

'아마존 고'와 같은 무인 슈퍼마켓의 이용을 편리하게 해주는 인공지능 이미지 센서 기능을 상상해봅시다.

기능	설명
장바구니 상품 확인	고객의 상품을 고르면 장바구니에 상품이 추가되고 다시 상품을 내려놓으면 해당 상품이 삭제된다.
고객의 동선 파악	고객의 쇼핑 동선을 파악하여 더 나은 상품 배치를 고려해볼 수 있다.
고객의 나이 인식	고객의 나이를 인식하여 비슷한 연령대의 선호 상품 리스트를 추천한다.

그렇다면 고객의 시선이 상품에 닿을 때마다 상품의 인기도가 올라간다면 어떨까요? 고객의 시선을 분석하여 관심도를 파악하고 인기 상품의 순위를 정할 수도 있겠죠.

고객의 실제 관심도에 따른 인기도를 파악할 수 있다면, 더 나아가 상품 홍보나 매출을 올리는 데에도 도움이 될 겁니다! 스스로 「문제 해결을 위한 절차적 생각하기」를 작성해보고 인기 상품 순위를 정하는 프로그램을 만들어봅시다.

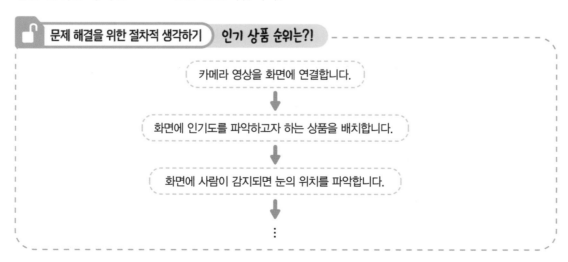

문제 해결을 위한 절차적 생각하기) 인기 상품 순위는?!

카메라 영상을 화면에 연결합니다.

화면에 인기도를 파악하고자 하는 상품을 배치합니다.

화면에 사람이 감지되면 눈의 위치를 파악합니다.

⋮

3.

인공지능의 공부법

1 인공지능의 종류는?

머신러닝, 딥 러닝, 인공 신경망, 알고리즘 … 요즘 인공지능 관련 이야기에 어김없이 따라오는 단어들입니다. 언뜻 들어는 보았을 텐데, 무슨 의미인지 제대로 살펴볼까요?.

위에서 나열한 단어 중 인공지능과 가장 관련이 깊은 단어는 머신 러닝과 딥러닝입니다. 인공지능이 가장 포괄적인 용어이지요.

먼저, 머신러닝이라는 단어부터 살펴봅시다. 이는 우리말로 단순하게 옮기면 '기계 학습'입니다. 즉, '기계가 학습을 한다.'라는 뜻입니다.

위 그림을 통해 살펴보면, 머신러닝은 '인간과 같은 지적 능력을 가진 컴퓨터를 구현하는 기술'인 인공지능을 기반으로 발생합니다. 인공지능에 속해 있는 머신러닝은 컴퓨터가 인간과 같은 지적 능력을 갖추기 위해 학습하는 방법이라고 볼 수 있습니다. 지적 능력을 모방하는 것을 넘어서, 기계가 '스스로' 학습할 수도 있지요.

간단하게 설명하면, 머신러닝은 입력받은 데이터를 통해 학습한 후, 학습한 내용을 기반으로 앞으로의 답을 예측하고 판단할 수 있습니다.

그다음으로 딥러닝이라는 단어를 살펴보겠습니다. 이는 머신러닝보다 더 작은 범위로, 딥러닝을 우리말로 해석해 보면, '깊게 학습한다.'라는 의미입니다. 딥러닝은 위의 얽혀져 있는 인공신경망 그림처럼 복잡한 기술로, 대량의 데이터를 기반으로 스스로 학습하고 판단할 수 있습니다.

개념만 봤을 때는 잘 와닿지 않죠? 실제 예제를 통해 머신러닝과 딥러닝을 이해해 봅시다!

2 머신러닝은 어떻게 학습을 할까요?

인공지능을 만들어 내는 대표적인 학습 방법은 머신러닝입니다. 머신러닝은 '인공지능의 주요 학습법'이라고 말할 수 있을 정도로 정말 중요합니다.

다음과 같은 과정으로 머신러닝을 통해 학습한 후 인공지능은 사람처럼 생각하고 동작합니다!

1 학습하기 위한 데이터를 인공지능에게 입력하면, 입력받은 데이터를 보고 학습(머신러닝)합니다.

2 학습을 완료한 인공지능에게 새로운 데이터를 보여주고 정답을 예측하게 합니다.

3 예측이 맞는지 평가하여 인공지능에게 피드백을 주면, 그 내용을 바탕으로 다시 학습을 진행하여 더 똑똑한 인공지능으로 거듭날 수 있습니다.

4 더 똑똑해진 인공지능은 앞으로 질문을 받았을 때 지금까지 학습한 내용을 바탕으로 예측하여 결과를 추측할 수 있게 됩니다!

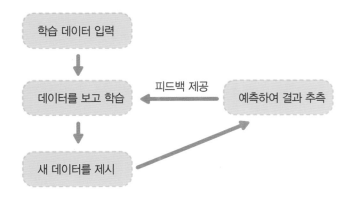

머신러닝 방법은 다음과 같이 크게 3가지로 나눌 수 있습니다.

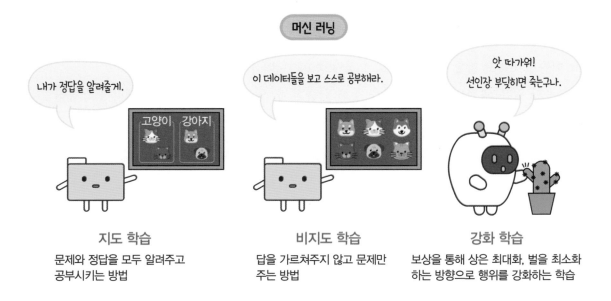

어때요? 어느 정도 감이 오나요? 그림의 내용을 다시 정리하자면,

지도학습은 문제 및 자료와 답지를 같이 주고 학습하게 하는 것이고, 비지도학습은 문제 및 자료를 준 후 답지를 주지 않고 스스로 분류하고 판단할 수 있도록 하는 것이며, 강화학습은 문제에 대한 답이 맞았을 때 보상을 주어서, 앞으로도 자주 맞을 수 있도록 강화물(보상)을 주는 방법입니다.

아래와 같이 요약할 수도 있습니다!

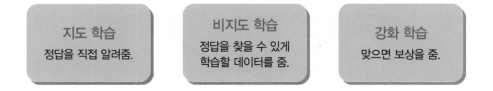

지도학습, 비지도학습, 강화학습 방법이 무엇인지 이해되나요? 다음 장에서는 이 학습 방법들을 좀 더 파헤쳐 봅시다!

3 인공지능이 학습하는 과정을 따라가볼까요?

3-1 데이터가 인공지능을 직접 지도합니다.(지도학습)

지도학습은 인공지능이 정답을 맞히도록 지도해주는 학습 방법입니다. 어? 그럼, 저희는 궁금증이 생깁니다. 누가 인공지능에게 지도를 해줄까요?

그림을 보면 데이터가 직접 인공지능에게 정답을 지도해주고 있습니다. "얘는 고양이고, 얘는 강아지야." 이름표가 적힌 데이터를 인공지능에게 알려주는 것이지요. 이 이름표는 label(라벨) 이라고 불립니다.

그러니까, 답이 적힌 문제지를 인공지능에게 여러 가지 보여주어서 인공지능이 학습할 수 있도록 하는 것입니다. 지도가 끝난 후에는 새로운 데이터를 질문하여 인공지능이 스스로 예측하는지 시험합니다.

그림처럼 답이 없는 새로운 문제지를 주며 답을 제대로 예측했는지 확인하고 피드백을 줍니다! 인공지능이 학습하는 방법도 우리가 하는 방식과 비슷하지요? 우리도 공부하고 우리가 배운 내용들을 토대로 새로운 문제들을 풀어나가며 확인하고 피드백을 받듯이 인공지능도 같은 방법으로 진행합니다.

자, 이번에는 지도학습의 종류에 대해서 알아보는 시간을 가질 거예요. 지도학습의 대표적인 방식은 분류와 예측으로 나뉩니다.

지도 학습 : 분류

우선, 지도학습에서 가장 흔히 사용하는 분류부터 살펴봅시다. '인공지능, 너는 누구니?' 단원에서 스팸 문자 분류를 살펴본 적이 있습니다. 아래 그림, 기억나지요?

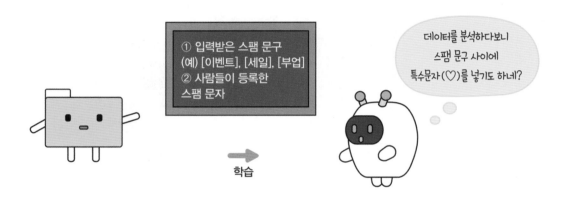

① 입력받은 스팸 문구
(예) [이벤트], [세일], [부업]
② 사람들이 등록한
스팸 문자

학습

데이터를 분석하다보니
스팸 문구 사이에
특수문자(♡)를 넣기도 하네?

그림처럼 데이터를 입력하여 인공지능이 학습할 수 있도록 하는 것입니다. 이러한 학습 과정을 나열해보면,

1. ①번 데이터를 보고 스팸 문자에 들어가는 문구를 배웁니다.

   "[이벤트], [세일], [부업] 등이라는 이라는 말이 스팸 문구구나."

2. ②번 데이터를 보고 사람들이 등록한 스팸 문자 사이의 공통 문구를 분석합니다.

   "사람들이 새로 등록한 문자 내용을 보니 [수익]이라는 말도 많이 들어가네?"

   "키워드 사이에 ♡와 같은 특수기호를 넣네?"

이와 같은 분석으로 [수익]이 포함되고 스팸 문구 사이에 특수기호가 들어간 문자를 스팸으로 분류할 수 있게 됩니다. 자, 우리가 학습을 제대로 했는지 확인하기 위해서는 새로운 문제를 통해 확인하는 시간을 가져봐야겠지요?

위와 같이 새로운 문자가 왔습니다.

인공지능이 이 문자를 어떻게 스팸으로 분류해 낼까요?

인공지능은 앞에 학습했던 경험을 바탕으로, "[부♡업]과 [수익]은 스팸 문자 문구이구나." 라고 예측해서 새로운 문자를 스팸으로 분류합니다. 또, 새로운 문자를 스팸으로 분류하면서 인공지능이 새롭게 학습한 데이터도 있죠?

"등록된 단어를 영어로 바꿔서 전송하기도 하네?"

event를 [이벤트]라는 스팸 문구로 인식하고 등록된 단어를 영어로 바꿔서 전송하는 스팸 문자 수법을 스스로 학습한 겁니다! 아주 똑똑하지요?

잠깐!

현재 많은 포털사이트에서 인공지능 기술로 스팸메일을 분류합니다. 여러 스팸메일 유형을 학습한 인공지능 기술은 광고 메일 뿐만 아니라, 스미싱과 같은 해킹 메일도 걸러줄 수 있습니다. 인공지능이 학습을 거듭할수록 스팸 차단율과 보안성은 높아지고 있지만, 언제나 인공지능이 완벽할 수 없기에 중요 메일이 스팸으로 분류되는 경우도 생깁니다. 중요 메일은 스팸으로 분류되지 않도록 메일 주소를 등록해놓는 등의 예방을 통해 인공지능을 100% 유용하게 활용할 수 있는 지혜도 필요합니다.

인공지능이 되어 과일을 분류해봅시다.

+ 여러분이 인공지능이 되었다고 생각하고 지도학습의 과정을 따라가 봅시다.

미션1

1 이름표(정답)가 붙어있는 데이터(문제)를 인공지능에게 보여주어 학습하도록 합니다.

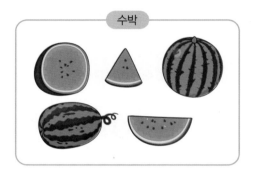

2 이 데이터들을 보면서 **특징**을 분석합니다.

이름	특징
수박	• 수박 껍질 색깔은 초록색이다. • 수박 속 색깔은 빨간색이다. • 수박 과육에는 검정 씨가 여러 개 박혀있다. • 수박 껍질엔 특정 모양의 줄무늬가 그려져 있다.
사과	• 사과 껍질의 색깔은 빨간색이다. • 사과 속 색은 노란색이다. • 사과 머리 위에는 음푹한 골이 있다.

3 특징에 대한 분석이 끝났다면, 새로운 데이터를 보고 맞혀봅시다.(예측) 아래 사진은 수박일까요, 사과일까요? 그리고 그 이유는 무엇일까요?

+ 생각해보고 다음 장으로!

정답과 이유는 다음과 같습니다.

정답	이유
사과	• 머리 위에 움푹한 골이 있다. • 껍질의 색깔은 빨간색이다. (초록색이 아니다.) • 껍질에 특정 모양의 줄무늬가 없다.

이와 같은 이유로 사과로 분류할 수 있겠지요?

인공지능도 명쾌한 분류를 지속하기 위해 결론을 내는 과정을 저장해 둡니다. 분류에 대한 규칙을 정하여 데이터를 분류하기 위해 나뭇가지 같은 모양으로 필기해 두는 것이지요. 이를 '의사결정트리'라고 부릅니다.

위 그림이 사과라는 것을 맞히기 위해 의사결정트리를 따라가는 것의 일부를 보여줄게요.

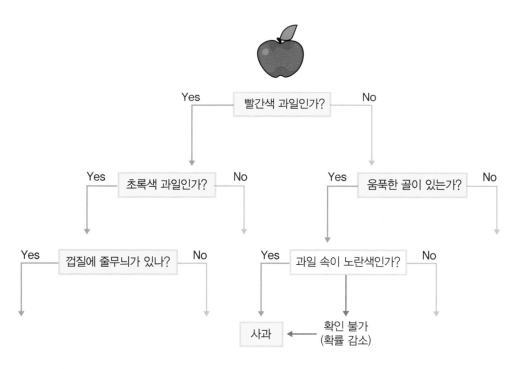

이러한 분류의 과정을 거치면 '사과'라는 결론으로 도달할 수 있습니다. 사과의 모든 특징을 다 가지고 있지는 않지만 '사과 98%, 수박 2%'라는 결론에 도달하면, 우리, 그리고 인공지능은 사과라고 분명히 분류할 수 있습니다.

1 여러분은 미션1을 통해 '수박'과 '사과'에 대한 학습을 완료한 상태입니다. 미션에서 학습한 경험을 토대로 각 과일의 이름을 맞혀봅시다.

2 위의 그림을 보고 각각 수박, 사과, 수박, 사과라고 맞혔나요? 우리가 미션1을 통해 학습한 것을 기반으로는 그렇지요. 세 번째 과일 그림을 보고 인공지능이 어떤 과일인지 결정하는 과정은 다음과 같습니다.

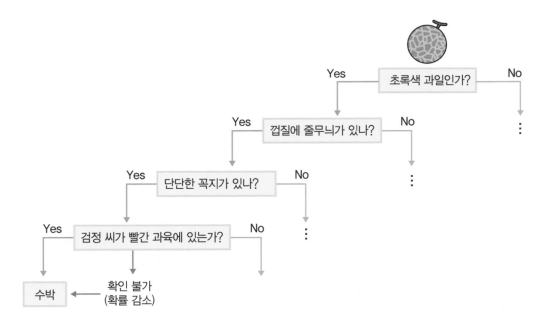

인공지능이 아는 과일 중에서 분류해보니 사과보다는 수박으로 분류 될 수밖에 없겠네요. 그렇지만, 여러분도 알다시피 이는 정답이 아닙니다.

70

세 번째 과일은 멜론, 네 번째 과일은 딸기입니다. 이때, 멜론과 딸기의 특징을 인공지능이 학습해야만 정확한 과일을 맞히는 인공지능이 되겠지요.

다음 데이터를 보고 멜론과 딸기에 대해 배워봅시다!

멜론   딸기

3 멜론과 딸기의 특징을 분석합니다.

이름	특징
멜론	– 멜론 껍질 색깔은 초록색이다. – 멜론 속 색깔은 연한 초록색이다. – 멜론 과육 속 중심부에는 작은 씨가 여러 개 박혀있다. – 멜론 머리 위에 꼭지가 있다.
딸기	– 딸기의 색깔은 빨간색이다. – 딸기 머리 위에는 꼭지가 있다. – ♡ 모양을 가진 딸기가 많다. – 딸기의 겉에는 작은 점 같은 것들이 박혀있다.

4 의사결정트리가 더 확장되어 수박과 멜론을 구별할 수 있게 되겠지요.

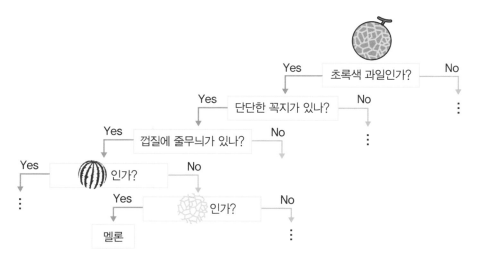

이렇게 다양한 과일을 학습하면 할수록 의사결정트리는 복잡하게, 더 정교하게 확장될 것입니다. 그리고 훨씬 완벽하게 과일을 분류할 수 있는 똑똑한 인공지능이 되겠지요!

다음은 지도학습 방법의 하나인 예측입니다. 예측은 **입력값(문제)**과 **출력값(정답)**을 학습하여, 새로운 입력값(문제)이 생겼을 때 **적절한 출력값(정답)**을 예측하는 것입니다. 예측이 분류와 다른 점은 이 적절한 출력값이 "수박입니다." 혹은 "딸기입니다."라고 딱 떨어지는 결론을 내려주는 것이 아니라, **연속된 값 중에 하나를** 제시하는 것입니다.

예를 들면, "경기도에서 역 10분 거리의 25평 아파트를 구매한다면 얼마일까요?" 라는 질문을 던졌을 때 아파트의 값을 예측해 주는 것입니다.

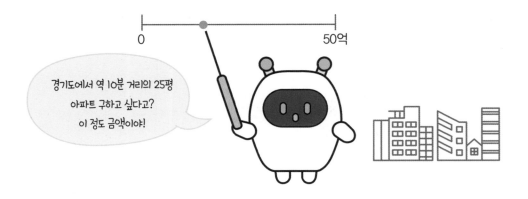

그렇다면 이 인공지능은 어떻게 학습할 수 있을까요?

(힌트 : 예측은 지도학습 중의 하나)

맞습니다!

예측은 지도학습이기 때문에 정답이 적혀있는 데이터를 보고 학습하는 것입니다. 즉 경기도 내에 역 10분 거리의 25평 아파트의 가격들을 분석하여 예측하는 것이지요.

잠깐! 각 예시는 어떤 지도학습 방법을 사용해야 할까요?(정답에 ○를 표시하세요.)

1. 인공지능이 사진을 보고 조류인지 포유류인지 맞힌다면? [분류 , 예측]
2. 인공지능이 사진을 보고 나이를 맞힌다면? [분류 , 예측]

정답: 1. 분류 / 2. 예측

3-2 인공지능이 자기주도학습 하도록 문제를 제공합니다(비지도학습)

비지도학습은 지도학습처럼 답안지 적혀있는 문제들을 보여주지 않습니다. 대신 문제들, 그러니까 데이터들만 보여주고 스스로 인공지능에게 학습하라고 합니다.

위 그림처럼 인공지능은 데이터들을 보고 스스로 공부하는 것입니다. 인공지능은 스스로 공부하며, '이렇게 생긴 것끼리 묶어볼까?' 하며 사진의 패턴이나 특징을 분석하여 그룹을 만들어 보는 것이지요.

스스로 학습을 완료한 인공지능은 새로운 데이터가 어디에 속하는지 추측할 수 있게 됩니다. 다만, 이름이 무엇인지는 인공지능에게 데이터가 알려주지 않았으므로 알 수 없지요.

이제 구체적인 예시를 살펴 볼까요?

그림의 음식점에서는 간식과 음료를 팔고 있습니다. 이왕이면 잘 팔리는 것들끼리 세트로 묶어서 할인 판매하면 간식만 사려다가 음료도 살 것 같고, 음료만 사려다가 간식도 살 것 같습니다.

이 때, 손님들이 구매한 데이터를 분석해서 어떤 것끼리 함께 팔리는지를 보고 결정하는 것이 좋을 것 같지요?

"대부분 손님은 딸기 케이크를 시킬 때, 아메리카노를 시키네?"
"햄버거를 시키는 손님들은 콜라를 많이 시키는구나?"

손님들의 데이터를 통해 함께 잘 팔리는 메뉴끼리 조합한 세트 메뉴 완성! 객관적인 자료로 만든 세트 메뉴니까 더 잘 팔리겠죠?

위와 같은 사례는 정답이 제시되어 있지 않은 데이터를 분석해서 답을 찾아가는 비지도학습의 '연관 규칙'을 이용하여 문제를 풀어나가는 것입니다. '연관 규칙'을 이용했다는 것은 연관성이 있는 데이터끼리 찾아내서 이 데이터 사이에 연관이 있다는 의미 있는 규칙을 찾는 것을 말하는 것입니다.

즉, 위의 예시는 자주 함께 팔리는 햄버거와 콜라는 그룹으로 묶어서 하나의 세트 메뉴로 제시해 줍니다. 이제 인공지능의 답변을 본 우리는 'B세트라고 이름을 붙여서 출시해 볼까?' 라고 생각할 수 있지요.

✋ **잠깐! 연관 규칙 활용하여 매장 상품을 배치해 볼까요?**

왼쪽 그림처럼, ①번 선글라스와 ②번과 같은 바지를 함께 착용하는 것과 ③번 원피스와 ④번 신발을 함께 착용하는 것이 유행이라고 합시다. 오른쪽처럼 구성된 매장 상품 배치를 어떻게 변경하면 좋을까요?

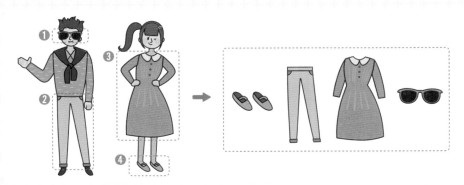

정답: ①②끼리, ③④끼리 옆에 있을 수 있도록 배치를 변경합니다.

인공지능이 카페 메뉴 가격을 설정한다면?

회사 주변에 카페를 오픈하려고 합니다. 카페가 주변에 참 많은데, 경쟁력을 확보하고 수익을 창출하기 위해서 적절한 카페 메뉴를 만들어야겠지요?

예를 들어, 아메리카노 가격을 설정해 보는 것을 생각해 봅시다. 인공지능은 "옆 가게는 4,000원이니까 그렇게 할까?"라고 단순히 생각하지 않습니다. 똑똑한 사람처럼, 그리고 컴퓨터라는 강점을 살려서 여러 경우의 수를 생각하여 결정합니다!

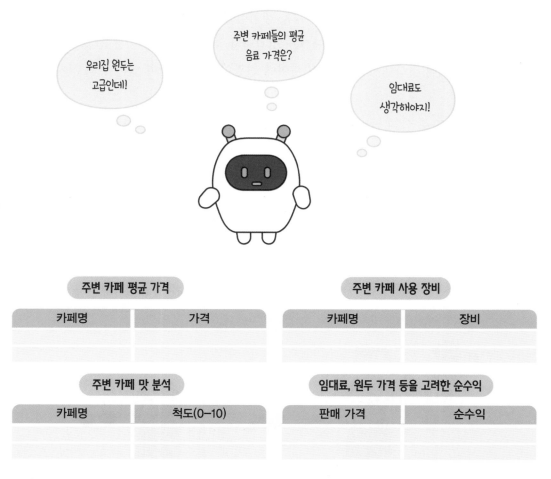

주변 카페 평균 가격	
카페명	가격

주변 카페 사용 장비	
카페명	장비

주변 카페 맛 분석	
카페명	척도(0-10)

임대료, 원두 가격 등을 고려한 순수익	
판매 가격	순수익

가게 주인이 주변 가게를 탐색하며 평균 가격, 사용 장비, 맛 분석(객관적이므로 주인이 척도를 입력해야 합니다.), 전체 투자 비용을 고려한 순수익 등을 인공지능에게 알려주는 것이지요. 이렇게 중요한 특징을 고려해서 아메리카노의 적절한 가격을 결정해줄 수 있습니다!

MBTI검사에 대해 들어보았나요? MBTI검사는 다수의 문항을 푼 결과를 이용하여 사람의 성격 유형을 다음 그림과 같이 16개로 나누는 검사입니다.

☆MBTI 유형으로 성격 유형을 정의하고 특징을 요약함.

MBTI검사를 설명한 이유는 인공지능이 군집화 방식으로 학습하는 것과 매우 유사하기 때문입니다. MBTI검사는 문항에 대한 답변이 비슷한 사람끼리 '군집'하여 유형을 나눕니다. (묶는다는 뜻이지요) 군집한 내용을 통해 '성인군자형', '잔다르크형' 등으로 성격 유형을 정의하고 특징을 요약해서 활용하는 것입니다.

그렇다면, MBTI 성격 유형의 결과를 어떻게 활용할까요?

예를 들어, 외향형인 E와 내향형인 I가 함께 놀고 있다가 E가 I에게 "내일 만날래?"라고 물어봤을 때의 상황이다. I가 "오늘 밖에서 에너지를 많이 써서 내일은 집에서 휴식하고 싶어."라고 I가 답변했을 때, E는 'I는 혼자 있는 시간을 통해 에너지를 회복할 시간이 필요하구나.'라고 생각할 수 있습니다.

즉, 사람들은 MBTI를 통해 자신의 장단점과 에너지를 회복하는 방법, 삶의 패턴 등을 이해하여 긍정적으로 자신을 이해하거나 부족한 부분을 채울 수 있습니다. 더 나아가서는 나와 다른 사람의 성격을 이해하고 배려할 수 있습니다.

인공지능은 MBTI뿐만 아니라 다양한 심리 검사의 결과를 군집화하여 직업, 취미 등을 추천해 줄 수 있습니다.

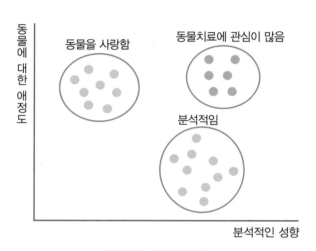

인공지능 심리 검사표

그림처럼 비슷한 특징끼리 묶어주어서 직업, 취미뿐 아니라 스트레스 해소법, 등 다양한 부분들을 분석한 결과를 인공지능이 알려줄 수 있겠지요?

여기서 중요한 점은 군집화 결과가 절대적으로 맞는다고 볼 수 없다는 점입니다. 군집화는 비슷한 유형이라고 판단하면, '이 직업은 어때?', '이 취미는 어때?' 라며 조언과 추천을 건네는 역할을 해줄 수 있다는 것입니다.

예를 들어, INTP(아이디어 뱅크형)의 성격을 가진 A라는 사람에게 개발자라는 직업을 추천해주었다고 합시다. A는 비슷한 성격을 가진 사람들과 묶여서 INTP에게 평균적으로 맞는 직업을 추천받은 거지만, 100% 개발자라는 직업이 맞는다고 볼 수는 없습니다.

하지만, 특정 사람에게 같은 유형을 가진 사람들의 평균적인 특징을 토대로 추천해 주기 때문에 참고할 만한 멋진 조언이 될 수 있습니다!

3-3 인공지능이 경험을 통해 학습합니다. (강화학습)

강화학습의 핵심은 일단 세상에 부딪혀 경험한다는 것입니다. 올바른 행동에 대해선 상을 받고, 잘못된 경로에 접어들면 벌을 받기도 합니다. 상과 벌 같은 보상을 통해 올바른 방향으로 학습해 나가는 것이지요. 대표적인 예시는 게임 방법을 습득하는 우리의 모습과 닮아있습니다.

일단 게임 방법을 전혀 모르는 채로 게임을 시작했다고 봅시다.

선인장에 부딪혔더니 목숨이 하나 사라지는 것을 본다던가 (벌)

하트에 닿으면 100점을 얻을 수 있다는 걸 안다면 (상)

"아, 선인장이 보이면 피하고 하트가 보인다면 꼭 가서 부딪혀야지!"라는 깨달음을 얻겠지요. 이런 경험을 통해 학습을 해나가는 것을 강화학습이라고 합니다.

강화학습에서 주의할 점은 행동 하나에 즉각적인 결과나 보상이 나오지 않을 수 있다는 것입니다. 이를 '지연 보상 문제'라고 부릅니다. 당장 +1이 되는 방향보다는 −1이 되더라도 나중에 더 큰 보상을 받을 기회를 기다리는 것입니다.

우리가 아는 강화학습의 대표적인 방법 하나는 알파고입니다. 바둑은 당장 둔 수에 보상이 있는 게임이 아니라 경우의 수가 무한대에 가까워 미래의 여러 가지 수를 내다보고 최선에 가까운 수를 두어나가야 합니다. 알파고도 처음에는 아무 위치에 수를 두는 것으로 시작하지만 수많은 경기를 통해 좋은 수를 두는 법을 학습하고, 당장 받을 보상이 아니라 그 위치에서 가장 가치 있는 수를 선택할 수 있게 됩니다.

그러므로 강화학습을 통해 더 똑똑한 인공지능이 되려면, 나중에 받을 보상까지 계산할 수 있어야 합니다.

강화학습은 시행착오를 겪는다는 점에서 지도학습이나 비지도학습과 가장 큰 차이를 보입니다. 다양한 행동에 대한 즉각적인 보상과 장기적인 보상을 경험해 학습하고, 최종적으로 보상을 최대화하기 위한 행동을 하도록 인공지능 스스로 변화합니다.

강화학습의 과정은 다음과 같이 그림으로 표현할 수 있으며, 크게 에이전트(Agent), 환경(Environment), 보상(Reward)으로 나누어집니다.

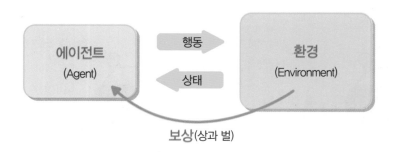

다음 게임 화면에서 에이전트와 환경, 보상이 무엇인지 추측해 봅시다.

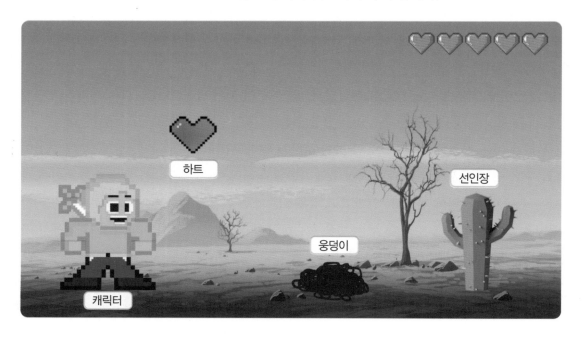

강화학습에서 가장 중요한 역할을 하는 에이전트는 목표 달성을 위한 행동을 하는 주체를 말합니다. 게임에서는 게임 캐릭터를 에이전트로 볼 수 있겠지요. 에이전트는 환경과 상호작용하며 행동합니다.

환경 속에는 목표 달성 과정에 주어진 조건들이 모여있습니다. 게임 속 환경에는 선인장과 하트, 웅덩이 등이 있겠지요.

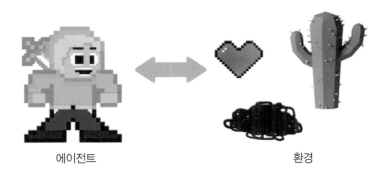

에이전트   환경

에이전트 행동의 결과는 환경의 상태 변화로 나타납니다. 캐릭터가 하트를 먹으면 점수가 오르고 선인장에 닿거나 웅덩이에 빠지면 손해를 입는 사건들이 에이전트에게 보상으로 작용합니다.

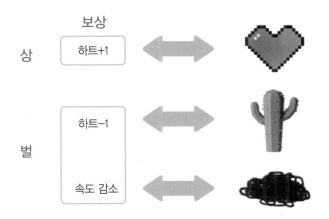

에이전트는 환경과 상호작용하여 보상을 경험하고 학습하면서 누구의 지시도 없이 스스로 결정을 내려야 합니다. 누적된 경험이 에이전트가 최대의 보상을 끌어올리는 행동으로 이끄는 거지요!

1 다음 그림을 보고 에이전트와 환경, 보상을 구분해 봅시다. 바닥 위에는 로봇 청소기, 의자, 쓰레기, 쓰레기통, 판다 인형이 있습니다. (실제 로봇 청소기는 먼지를 빨아들이지만, 여기선 쓰레기로 가정합니다.)

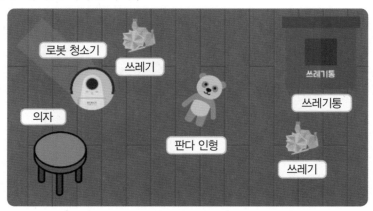

참고: 엔트리 실행화면 및 오브젝트: 로봇청소기(2), 작은의자(1), 판다인형, 쓰레기, 쓰레기통

에이전트	
환경	
보상	

2 로봇 청소기의 강화학습 과정을 상상하여 적어봅시다.

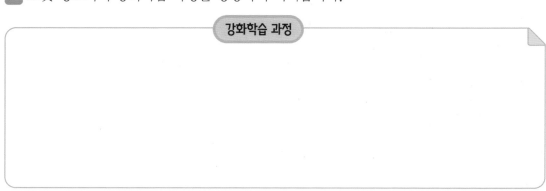

강화학습 과정

에이전트	로봇 청소기
환경	청소해야 하는 공간(바닥), 벽, 쓰레기, 쓰레기통, 의자, 판다 인형
보상	상: 특정 시간 동안 수집한 쓰레기의 양, 쓰레기통에 일정 양의 쓰레기를 버린 횟수 벌: 벽과 의자, 판다 인형에 부딪혀 피하는데 소요된 시간

참고 답안: 강화학습 과정

　　로봇 청소기가 청소 공간의 크기를 파악하고 청소를 시작합니다. 벽이나 의자, 판다 인형과 같은 장애물에 부딪히면 청소 시간이 늘어나 보상이 감소 되고 쓰레기를 빨아들이면 획득한 쓰레기의 양이 늘어나면서 보상이 증가합니다. 이러한 시행착오를 거쳐 로봇 청소기는 이른 시간 안에 특정 양의 쓰레기를 쓰레기통에 버릴 방법을 학습하게 됩니다.

학습 방법 정리하기

각 상황을 보고 알맞은 학습 방법을 빈칸에 채워서 넣으세요.

보기
지도학습, 강화학습, 비지도학습

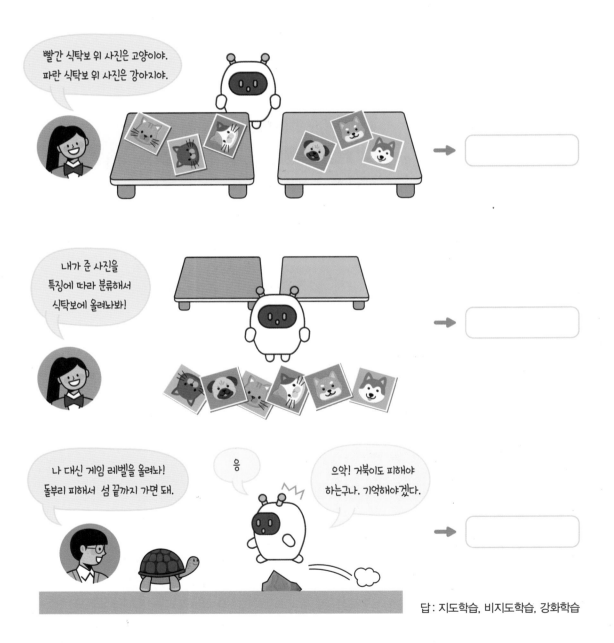

답 : 지도학습, 비지도학습, 강화학습

4 딥러닝이란 무엇일까요?

딥러닝은 머신러닝의 한 분야로, 현대의 인공지능 기술에서 가장 주목받고 있는 기술 중 하나입니다. 이미지 인식과 음성 인식, 자연어 처리와 같은 다양한 문제를 해결하는 데 큰 성과를 보여주고 있지요. 딥러닝을 통해 언어를 번역하고 명령에 따라 로봇을 움직이게 할 수도 있습니다. 이런 놀라운 기술을 구현하는 딥러닝 기술에 대해서 알아봅시다.

4-1 딥러닝은 인공신경망을 통해 생각해요.

딥러닝은 우리 머릿속 뇌 구조를 흉내 내서 만든 수학적 모델인 '인공신경망'을 기반으로 한 기술입니다. 인간 두뇌 속에서 데이터를 처리하고 패턴을 발견하는 방식을 모방해 사물을 구분하고 예측하는 방식이지요. 단순히 A와 B를 보고 C를 예측하는 것보다 더 복잡합니다.

무수히 많은 A, B, C, D 등 다양한 데이터를 가지고 A와 B 사이의 복잡한 관계를 학습하고, 이를 기반으로 C를 예측하는 기술입니다.

인공신경망은 다음과 같이 3개의 층으로 나뉩니다.

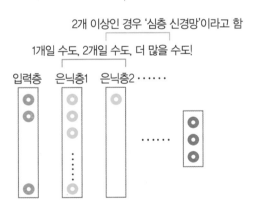

맨 왼쪽에 있는 층인 입력층은 말 그대로 데이터를 입력받는 층입니다. 코끼리인지 하마인지 구별하고자 한다면, 이곳에 코끼리 사진과 하마 사진을 잔뜩 입력해주면 되겠지요?

다음 중간에 있는 층은 은닉층입니다. 입력한 특성을 추출하여 판단하는 역할을 하며 은닉층은 많으면 많을수록 좋습니다. 더 많은 은닉층이 특성을 분석한다면 더 섬세한 판단의 결과가 나오겠지요?

마지막은 출력층입니다. 은닉층에서 어떤 신호가 전달되었는지에 따라서 무엇이 출력될지 결정됩니다. 예를 들면, 하마 사진이 입력되었을 때, "하마다!"라고 출력해 주는 것이지요.

인공지능이 학습하기 위해서는 수많은 데이터가 필요합니다. 또한, 그 데이터는 무엇인가를 결정지을 수 있는 정확한 특징이 적혀있어야 합니다.

하마와 코끼리를 구분하는 예시를 살펴봅시다.

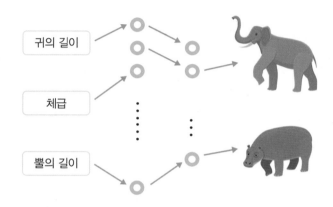

입력한 데이터가 여러 은닉층을 지나면서 신호로 전달이 됩니다. 데이터가 가진 특징에 알맞게 신호의 방향과 세기 결정이 되는 것입니다. 방향은 '코끼리일까, 하마일까?'를 통해 결정하는 것이고, 세기는 이 정보가 얼마큼의 확실한 정보인지 가중치*를 통해 결정합니다.

즉, 어느 쪽으로 신호가 많이, 강하게 몰리는지를 분석하여 코끼리인지, 하마인지 구분할 수 있지요.

위 그림에서 하마와 코끼리를 구분하기 위해 귀의 길이, 체급, 뿔의 길이에 대한 정보를 갖고 있습니다. 이 신호가 얼마나 정확한 출력값을 보내는지에 따라 딥러닝의 정확성은 달라집니다.

실제로 모든 데이터를 추론하기 위해 많은 데이터가 있다고 마냥 좋은 것이 아니라는 것입니다. 특징을 확실히 구분 지을 수 있는 정확한 데이터를 입력한다면, 더 완벽하게 구별할 수 있겠지요?

---

* 원하는 값으로 변환하기 위해서 입력값에 곱하는 수치로, 판단에 큰 영향을 미칠 수있는 경우 가중치가 높다.

4-2 딥러닝은 어떻게 추천시스템을 운영할까요?

　딥러닝의 가장 큰 주특기는 사용자에게 관심 있는 콘텐츠나 상품 등을 추천해 주는 것입니다. 단순히 '바지'를 찾고 싶다면 바지 카테고리에 들어가면 될 것이고, '목도리'를 사고 싶다면 목도리를 검색하면 되겠지요? 하지만 아주 다양한 사람들의 취향을 저격하기 위한 과정은 단순하지 않을 것입니다. 딥러닝은 무수히 많은 사용자의 관심사, 구매 목록, 검색 기록, 장바구니 등을 다양하게 분석하여 원하는 결과를 추천하기 위해 노력합니다. 딥러닝 추천시스템의 방식은 크게 2가지로 나눠집니다.

1 콘텐츠 기반 추천(Content-based Recommender System)

　콘텐츠(혹은 아이템)끼리의 유사한 점을 판단하여 비슷한 콘텐츠를 추천해주는 시스템을 의미합니다. 단순한 예시를 통해 콘텐츠 기반 추천이 무엇인지 살펴보겠습니다.

쇼핑

사용자의 지난 쇼핑 기록을 둘러보고 옷을 추천하기 위해서 '아이템'을 살펴보겠습니다.

　장바구니 목록과 구매 목록을 둘러보고 추천해줄 옷을 고민해봅니다. 색상, 옷의 종류 등의 데이터들을 분석하면 사용자의 취향이나 소비패턴 등 다양한 정보를 읽어낼 수가 있습니다.

우선 색상 정보를 분석해보니 파란색과 청색 의류를 좋아하는 것 같습니다. 또 아이템의 분류를 살펴보니 반바지를 갖고 싶어 한다는 정보를 추측할 수 있지요. 이 둘을 더해서 색상 정보에 아이템의 분류까지 함께 고려해보면, 액세서리는 붉은 계열을 선호한다는 정보까지 가져올 수 있겠지요?

영화 추천 예시로 조금 더 구체적으로 살펴볼까요?

영화 추천

다음은 A 사용자가 감상한 영화 목록입니다.

순번	장르	주연 배우
1	로맨틱코미디	김현빈, 김제희
2	스릴러	박민기, 전지윤
3	공포	손석기, 김해리
4	로맨틱코미디	송강이, 김해리
5	스릴러	김현빈, 전지윤
6	스릴러	조종석, 박보형
7	로맨틱코미디	김서현, 김해리
8	로맨스	김현빈, 전지윤

그럼, 데이터를 조금 더 자세히 뜯어볼까요? 장르, 주연 배우로 나누어서 보겠습니다.

장르	횟수
공포	1
로맨스	1
로맨틱코미디	3
스릴러	3

주연 배우	횟수
김서현	1
김제희	1
김해리	3
김현빈	3
박민기	1
박보형	1
손석기	1
송강이	1
전지윤	3
조정석	1

좋아하는 장르는 로맨틱코미디, 스릴러고 주연 배우는 김해리, 전지윤, 김현빈을 선호하는 군요. 그렇다면, 김해리, 김현빈이 나오는 영화, 인기 있는 로맨틱코미디 영화 등을 추천해 줄 수 있겠지요.

딥러닝은 컴퓨터라는 장점을 살려서 위의 예시보다 더 방대한 데이터를 체계적으로 분석하여 추천해 줄 수 있습니다.

2 협업 필터링

협업 필터링은 공통점을 가진 다른 사용자의 취향을 분석하여 만족할 만한 콘텐츠를 추천하는 시스템입니다. 다른 사용자의 위시리스트나 구매 목록을 분석하여 추천해 주는 거지요. 다음은 협업 필터링을 통해 쇼핑 아이템을 추천받는 예시입니다.

쇼핑

20대 A군은 옷 구매를 위해 사이트에 접속했습니다. 협업 필터링을 사용하는 추천시스템이 20대 A군에게 어떤 과정으로 추천해 줄까요? 사용자와 같은 성별의 비슷한 연령대가 구매한 목록 중에 공통된 아이템을 선정하여 추천해 줍니다.

위 사례는 아이템의 특징이 아닌 비슷한 사용자들의 소비패턴을 분석해 추천하는 방식입니다.

요즘 '20대' 사이에서 통이 큰 바지가 유행하며 '남성' 사이에서 밀짚모자가 유행한다고 가정해 봅시다. 그렇다면 '20대 남성' 사용자에게 통이 큰 바지와 밀짚모자를 추천해 주는 것입니다. 유행에 맞는 아이템을 추천받는 것이죠.

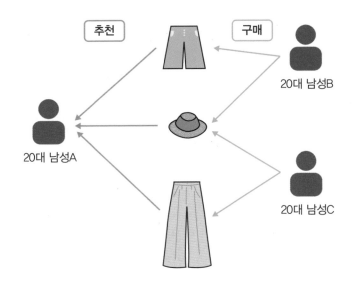

혹은 요즘 수박과 아이스크림이 아주 잘 팔린다고 가정해 봅시다. 더운 여름철 시기에 적합한 식료품들을 사람들이 구매하는 것이겠죠? 이런 아이템들을 더위에 지친 사용자에게 추천해 준다면 분명히 매료될 수 있을 것입니다! 대부분 사람의 소비패턴만으로 여름철 인기 있는 식품을 추천하고, 여러 구매자의 소비 욕구를 끌어낼 수 있는 것입니다.

어때요? 콘텐츠 기반 추천법과 협업 필터링 각각의 특징이 구분되나요?

각 사례를 보고 알맞은 딥러닝 추천 시스템의 방식을 찾아봅시다. (다음 페이지에 답이 있어요!)

사례1 최근에 오픈한 영화 감상 사이트가 있습니다. 그래서 아직 가입자가 거의 없어요.
각 방식의 추천 과정을 추측해서 작성해 봅시다.

종류	추천 과정
콘텐츠 기반 추천	
협업 필터링 기반 추천	

질문 어떤 방식이 더 좋을까요?

사례2 처음 가입한 사용자입니다. 그래서 아직 감상 목록과 관심 목록이 없어요.
각 방식의 추천 과정을 추측해서 작성해 봅시다.

종류	추천 과정
콘텐츠 기반 추천	
협업 필터링 기반 추천	

질문 어떤 방식이 더 좋을까요?

사례3 추천받은 사용자가 이 영화를 왜 추천했는지 알고 싶어요.
각 방식은 이유를 어떻게 설명해 줄까요?

종류	추천 과정
콘텐츠 기반 추천	
협업 필터링 기반 추천	

각 사례를 보고 알맞은 딥러닝 추천 시스템의 방식을 찾아봅시다. (이런 답도 있어요!)

사례1 최근에 오픈한 영화 감상 사이트가 있습니다. 그래서 아직 가입자가 거의 없어요.

각 방식의 추천 과정을 추측해서 작성해 봅시다.

종류	추천 과정
콘텐츠 기반 추천	사용자가 보았던 콘텐츠와 비슷한 콘텐츠(장르, 주연 배우 등을 고려함.)를 분석하여 추천한다.
협업 필터링 기반 추천	다른 비슷한 사용자(나이, 사용자, 비슷한 콘텐츠를 본 사용자)가 본 콘텐츠를 추천한다.

질문 어떤 방식이 더 좋을까요?
콘텐츠 기반 추천 방식이 좋다. 사용자가 너무 적을 때 협업 필터링 기반 추천을 받으면 추천해 줄 콘텐츠가 아예 없을 수도 있고 단 1명이 본 콘텐츠 추천을 하게 될 수도 있으므로 추천의 신뢰도가 떨어져서 큰 의미가 없을 수 있다.

사례2 처음 가입한 사용자입니다. 그래서 아직 감상 목록과 관심 목록이 없어요.

각 방식의 추천 과정을 추측해서 작성해 봅시다.

종류	추천 과정
콘텐츠 기반 추천	사용자가 보았던 콘텐츠가 없으니 추천이 어렵다.
협업 필터링 기반 추천	다른 비슷한 사용자(나이, 사용자, 비슷한 콘텐츠를 본 사용자)가 본 콘텐츠를 추천한다.

질문 어떤 방식이 더 좋을까요?
협업 필터링 기반 추천이 더 좋다. 아직 본 콘텐츠가 없어도 다른 비슷한 사용자 기반으로 추천해줄 수 있다. 콘텐츠 기반 추천은 아직 시청한 콘텐츠가 없으면 추천할 수 없다. 사용자에게 관심 콘텐츠를 추가하라고 알람을 띄워줄 수도 있지만, 제목만 보고 다급하게 추가한다면 의미가 없을 수 있다.

사례3 추천받은 사용자가 이 영화를 왜 추천했는지 알고 싶어요.

각 방식은 이유를 어떻게 설명해 줄까요?

종류	추천 과정
콘텐츠 기반 추천	사용자가 자주 본 장르다, 사용자가 선호하는 출연 배우가 출연했다.
협업 필터링 기반 추천	사용자와 비슷한 나이대 사용자가 보았다, 사용자와 같은 성별의 사용자가 보았다.

chapter 3

실전 편

인공지능 가르치기

인공지능이 내가 그린 그림을 맞춰요

인공지능 동아리 학생들은 모여서 서로 누가 더 그림을 잘 그리는지에 대해 논의하기 시작했습니다. 이때, 모임의 목적에 맞게 'QuickDraw(퀵드로우)'라는 프로그램을 활용하여 인공지능에게 누가 더 그림을 잘 그렸는지 판단해달라고 할 수 있습니다.

이에 앞서, 퀵드로우라는 프로그램의 사용 방법에 대해 먼저 알아봅시다.

QuickDraw 사용설명서

1 QuickDraw (https://quickdraw.withgoogle.com/)에 접속하여 시작하기를 누릅니다.
➡ 주소창에 주소를 입력하거나 포털사이트에 '퀵드로우' 혹은 'QuickDraw'를 검색하여 접속할 수 있어요.

2 그려야 할 제시어가 나오면 '알겠어요!'를 클릭한 후 제시어를 20초 동안 그림으로 표현해야 합니다.

3 흰 화면에 사용자가 그림을 그리면 인공지능이 그 그림을 보고 추측한 제시어가 아래에 나옵니다.

> 뭔지 알 것 같아요. 바나나, 문어, 프라이팬, **가위**

4 2번과 3번 과정을 6번 반복하면 아래와 같은 화면처럼, 몇 개의 그림을 인공지능이 맞혔는지 나옵니다.

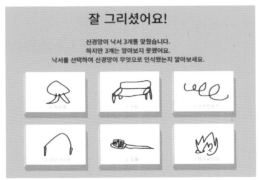

5 인공지능이 많이 맞힌 학생이 우승! 6개의 그림 중에 신경망이 2개를 맞혔다고 알려주었습니다.

도대체 어떤 원리로 그림을 알아볼 수 있는 걸까요?
우선 인공지능은 다른 사람이 그린 칫솔 모양을 보고 '칫솔'이 어떻게 생겼는지 학습합니다.
아래는 퀵드로우가 보여준 그 칫솔 데이터들의 일부입니다.

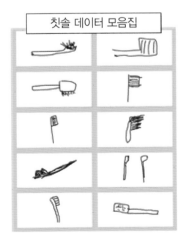

물론, 칫솔이라는 주제어를 보고 그린 저의 그림도 이 칫솔 데이터에 속하게 되겠지요?

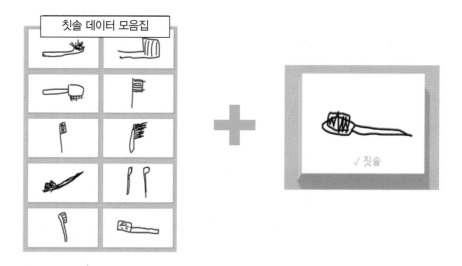

'칫솔'이라는 이름표가 붙은 데이터 박스에 넣은 격이지요!

반면에, 제가 그린 턱수염은 턱수염이 아니라 오히려 문어, 프라이팬, 가위 데이터 박스에 담긴 데이터들과 내용과 닮았다는 결과가 나왔습니다. 인공지능이 학습한 바로는 턱수염이 아니라 문어, 프라이팬, 가위라고 보이는 그림이지요.

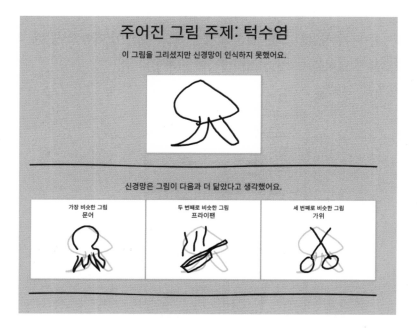

인공지능의 학습했던 턱수염이라는 이름표가 붙은 데이터 박스에는 다음과 같은 그림들이 들어있다고 안내해줍니다. 이 그림들과 유사하게 그렸더라면 턱수염을 그렸다고 인공지능이 맞출 수 있을 것입니다.

인공지능이 학습했던 데이터 모음집에는 각각 이름이 붙어있습니다.

캠프파이어 데이터 모음집	그네 데이터 모음집

즉, 사람들이 제시어를 보고 그린 그림들을 한 데이터 박스에 담아두고, 공통적인 특징을 뽑아와서 인공지능 스스로 학습해 그 안의 규칙을 찾아낸 것입니다.

이 상황을 보니 앞서 배웠던 지도학습이 떠오르지 않나요? 답(이름표)이 적혀있는 문제지(그림)를 학습하고 나서 새로운 그림을 보고 답을 예측하는 것이지요!

즉, 이름이 적힌(라벨링이라고도 합니다!) 데이터를 보고, '이 데이터들은 칫솔이라는 이름으로 연결할 수 있구나!'라고 인공지능이 배웠으니 답을 아는 것이지요.

앞으로도 인공지능은 사람들이 그린 그림의 공통적인 특징을 쏙쏙 뽑아 학습하겠지요? 우리가 이 게임에 참여하는 과정에서 그린 그림은 결국, 인공지능이 더 잘 학습하도록 도와준 셈이 된 것입니다!

2 과일 이름을 알아맞히는 인공지능

기초 편에서 인공지능이 지도학습을 통해 수박과 사과, 멜론, 딸기의 데이터를 학습하고 과일을 구분하는 과정에 대해 배워봤습니다. 같은 방법으로 인공지능이 수박, 사과, 멜론, 딸기를 학습시키고 무슨 과일인지 맞히는 프로그램을 만들 수 있겠지요.

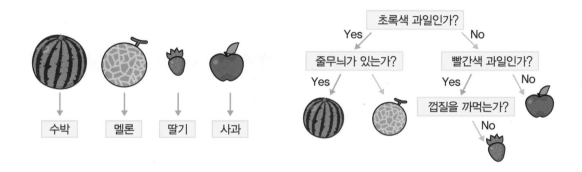

인공지능이 지도학습으로 수박과 사과의 이미지를 학습하고 스스로 분류하기 위해서 어떤 과정이 필요할지 생각해봅시다.

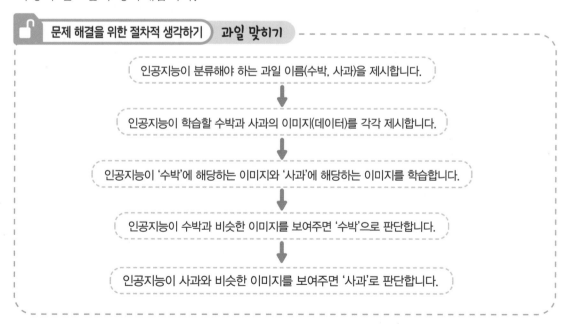

생각한 절차에 따라 엔트리로 이미지 인식 '과일 맞히기' 프로그램을 만들어봅시다.

엔트리 인공지능은 머신러닝 기능을 제공합니다. [작품 만들기] – [블록 메뉴] – [인공지능] –[인공지능 모델 학습하기]를 통해 다음과 같이 학습 모델을 확인할 수 있습니다.

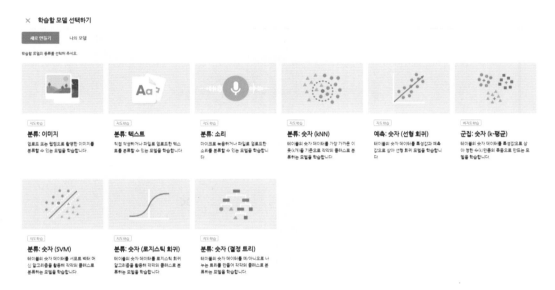

과일 맞히기 프로그램은 이미지를 학습하고 분류하기 때문에 [분류:이미지 모델]을 학습합니다. [인공지능 모델학습 하기] – [분류:이미지] – [학습하기]를 클릭하여 이미지를 학습시켜봅시다.

이미지 모델 학습하기 창에서 우리는 '수박'과 '사과'라는 이름(라벨)을 제시할 수 있습니다.

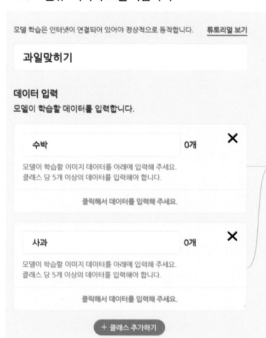

이미지 모델 학습하기 창에서 '수박'과 '사과'에 대한 이미지(데이터)를 각각 5개 이상 입력합니다.

인공지능이 '수박'에 해당하는 이미지와 '사과'에 해당하는 이미지를 학습합니다

[모델 학습하기] 버튼을 눌러 이미지 학습을 완료합니다. 파일을 업로드하거나 촬영하여 이미지 분류 결과를 확인할 수 있습니다. [입력하기]를 눌러 '과일 맞히기' 모델을 완성합니다.

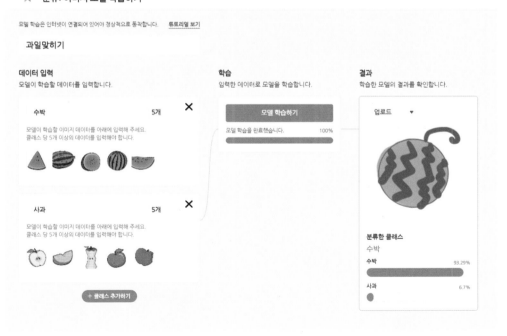

인공지능이 수박과 비슷한 이미지를 보여주면 '수박'으로 판단합니다.

↓

인공지능이 사과와 비슷한 이미지를 보여주면 '사과'로 판단합니다.

내가 학습시킨 과일 맞히기 모델을 활용하여 다음과 같이 프로그램을 작성합니다.

```
엔트리봇   블록 10 개

▶  시작하기 버튼을 클릭했을 때
    학습 한대로 과일을 맞혀볼께요!  을(를)  3  초 동안  말하기 ▼
    학습한 모델로 분류하기
    만일   분류 결과가  수박 ▼  인가?   (이)라면
        이건 수박이 맞죠?  을(를)  4  초 동안  말하기 ▼
    아니면
        만일   분류 결과가  사과 ▼  인가?   (이)라면
            이건 사과가 맞나요?  을(를)  4  초 동안  말하기 ▼
        아니면
            제가 아직 알지 못하는 과일 인가요?  을(를)  4  초 동안  말하기 ▼
```

지금까지 인공지능이 학습한 이미지 데이터는 수박과 사과라는 이름표가 붙은 이미지들이고 멜론과 딸기라는 이름표는 알지 못합니다. 인공지능은 지금까지 학습한 데이터를 기반으로만 이미지를 분류하기 때문에 멜론과 딸기를 수박과 사과 중 하나로 분류할 것입니다.

수박과 사과를 학습한 인공지능에게 멜론과 딸기를 제시하고 어떤 과일로 분류하는지 확인해봅시다!

이건 수박이 맞죠?

멜론 제시 화면

이건 사과가 맞나요?

딸기 제시 화면

　　이번 실습으로 인공지능은 수박과 사과를 구분하고 맞출 수 있게 되었습니다. 추가로 멜론과 딸기의 이미지를 학습하고 수박과 사과, 멜론, 딸기를 모두 맞힐 수 있는 프로그램으로 완성해봅시다.

```
▶ 시작하기 버튼을 클릭했을 때
  학습 한대로 과일을 맞춰볼께요!  을(를)  3  초 동안  말하기 ▼  ✦
  학습한 모델로 분류하기  ✦
  만일  분류 결과가  수박 ▼  인가?  (이)라면  ∧
     이건 수박이 맞죠?  을(를)  4  초 동안  말하기 ▼  ✦
  아니면
     만일  분류 결과가  멜론 ▼  인가?  (이)라면  ∧
        이건 멜론입니다.  을(를)  6  초 동안  말하기 ▼  ✦
     아니면
        만일  분류 결과가  사과 ▼  인가?  (이)라면  ∧
           이건 사과가 맞나요?  을(를)  4  초 동안  말하기 ▼  ✦
        아니면
           만일  분류 결과가  딸기 ▼  인가?  (이)라면  ∧
              이건 딸기군요.  을(를)  6  초 동안  말하기 ▼  ✦
           아니면
              제가 아직 알지 못하는 과일 인가요?  을(를)  4  초 동안  말하기 ▼  ✦
```

✋ 잠깐!

　코끼리를 냉장고에 넣으려면 코끼리가 필요합니다. 식을 계산하려면 계산하고자 하는 숫자와 연산자가 필요합니다. 컴퓨터 프로그램으로 내가 원하는 출력 결과를 얻기 위해 적절한 입력자료를 선택해야 합니다.

　사람과 소통하는 인공지능을 생각해봅시다. 인공지능이 과일을 보고 맞히려면 다양한 과일 이미지가 입력되고 인공지능이 이미지를 학습해야 했습니다. Siri나 빅스비는 사람의 음성을 알아듣고 대화가 가능한 인공지능입니다. 대화가 가능하기까지 여러 가지 음성 메시지와 적절한 답변을 학습해야 하겠죠. 상담 서비스를 제공해주는 챗봇은 사용자가 입력한 여러 가지 상담 텍스트 자료를 학습해야 할 겁니다.

　따라서 우리는 인공지능으로부터 원하는 결과를 얻기 위해서 적절한 입력 자료를 선택해야 하고 다양한 자료를 적절하게 학습시켜야 합니다

인공지능과 인사해요

　이번 인공지능 학습 모델은 텍스트 자료입니다. 인공지능이 '안녕하세요'라는 메시지를 인사말로 학습했다면 스스로 '안녕하십니까', '안녕', '반가워요', '하이루'와 같은 문장을 인사말로 분류하지 못합니다. 인사말에 해당하는 여러 가지 텍스트 자료를 학습하고 인사말로 분류할 수 있도록 해야겠지요.

　인사말에는 만남의 인사와 작별의 인사가 있습니다. 작별 인사말을 입력했는데 인공지능이 반가움을 표시하면 안 되겠지요. 따라서 인공지능이 인사말을 구분하여 만남의 인사를 하고 작별 인사와 함께 종료되는 프로그램을 만들어봅시다.

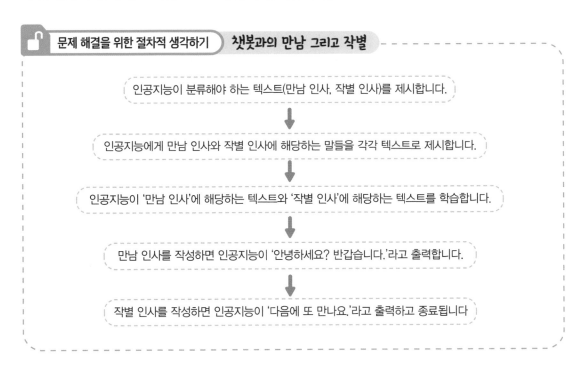

문제 해결을 위한 절차적 생각하기 > **챗봇과의 만남 그리고 작별**

인공지능이 분류해야 하는 텍스트(만남 인사, 작별 인사)를 제시합니다.

↓

인공지능에게 만남 인사와 작별 인사에 해당하는 말들을 각각 텍스트로 제시합니다.

↓

인공지능이 '만남 인사'에 해당하는 텍스트와 '작별 인사'에 해당하는 텍스트를 학습합니다.

↓

만남 인사를 작성하면 인공지능이 '안녕하세요? 반갑습니다.'라고 출력합니다.

↓

작별 인사를 작성하면 인공지능이 '다음에 또 만나요.'라고 출력하고 종료됩니다

지도학습
분류: 텍스트
직접 작성하거나 파일로 업로드한 텍스트를 분류할 수 있는 모델을 학습합니다.

- [인공지능] – [인공지능 모델 학습하기] – **[분류:텍스트 모델]**을 선택하여 학습해봅시다.
- 텍스트는 직접 작성할 수도 있고, .txt파일을 업로드하여 데이터를 입력할 수 있습니다.

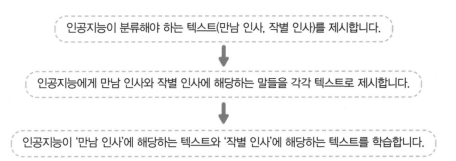

인공지능이 분류해야 하는 텍스트(만남 인사, 작별 인사)를 제시합니다.

인공지능에게 만남 인사와 작별 인사에 해당하는 말들을 각각 텍스트로 제시합니다.

인공지능이 '만남 인사'에 해당하는 텍스트와 '작별 인사'에 해당하는 텍스트를 학습합니다.

'안녕하십니까', '반가워요', '안녕', '하이' 등 만남을 의미하는 데이터들을 '만남 인사' 클래스로 분류합니다. '안녕히 계세요' '잘 가', '또 보자', '이제 할 말 없어' 등 헤어짐을 의미하는 데이터들을 '작별 인사' 클래스로 분류합니다. 다양한 데이터를 입력해보고 '챗봇과의 만남 그리고 작별' 모델을 학습합니다.

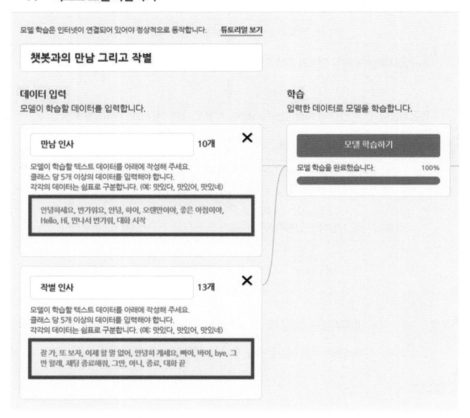

AI 로봇이 "로봇에게 인사해보세요!" 라고 말하고 '챗봇과의 만남 그리고 작별' 모델이 학습한 데이터에 따라 분류합니다. 추가로 1초마다 위아래로 움직이기를 반복하여 인공지능 로봇이 작동하는 것처럼 보이게 합니다.

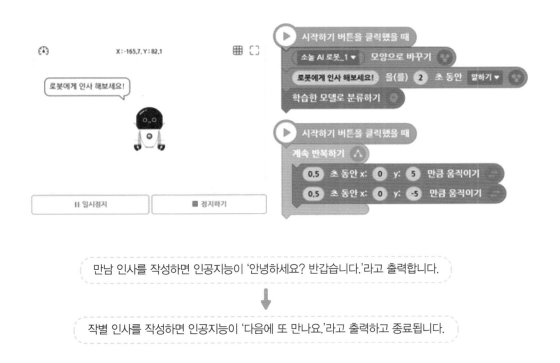

분류 결과에 따라 AI 로봇의 모양이 바뀌고 적절한 대답을 할 수 있도록 프로그램을 작성합니다. 말하기 뒤에는 원래 모양으로 돌아옵니다.

AI 로봇은 이처럼 사용할 오브젝트 모양만 남기고 이름을 변경해줍니다.

	소놀 AI 로봇_1	
	200 X 200	×

	인사	
	200 X 200	×

	잘가	
	200 X 200	×

로봇이 인사하고 텍스트를 입력받고 판단하는 부분은 반복되기에 계속 반복하기 블록으로 묶어 줍니다. 텍스트가 입력되지 않는 경우 '저에게 할 말을 입력해주세요.'라고 말하고 작별 인사가 입력된다면 모든 코드를 멈춰 AI 로봇의 작동을 종료합니다.

'챗봇과의 만남 그리고 작별' 전체 코드

```
시작하기 버튼을 클릭했을 때
  소놀 AI 로봇_1 ▾ 모양으로 바꾸기
  계속 반복하기
    로봇에게 인사를 해보세요! 을(를) 2 초 동안 말하기 ▾
    학습한 모델로 분류하기
    만일 분류 결과가 만남 인사 ▾ 인가? (이)라면
      인사 ▾ 모양으로 바꾸기
      안녕하세요? 반갑습니다. 을(를) 3 초 동안 말하기 ▾
      소놀 AI 로봇_1 ▾ 모양으로 바꾸기
    아니면
      만일 분류 결과가 작별 인사 ▾ 인가? (이)라면
        잘가 ▾ 모양으로 바꾸기
        다음에 또 만나요~ 을(를) 3 초 동안 말하기 ▾
        소놀 AI 로봇_1 ▾ 모양으로 바꾸기
        모든 ▾ 코드 멈추기
      아니면
        저에게 할 말을 입력해주세요. 을(를) 말하기 ▾
```

```
시작하기 버튼을 클릭했을 때
  계속 반복하기
    0.5 초 동안 x: 0 y: 5 만큼 움직이기
    0.5 초 동안 x: 0 y: -5 만큼 움직이기
```

108

4.

인공지능과
올바른 세상 만들기

1 인공지능에게 윤리가 존재할까요?

인공지능은 인간처럼 사고한다는 점이 가장 중요한 특징입니다.

그렇다면, 인공지능에게도 윤리가 있을까요?

윤리라는 것은 '사람으로 마땅히 하거나 지켜야 하는 도리'를 의미합니다. 사실 '마땅히'라는 것은 우리 사회에서도 기준에 대해서 고민이 참 많습니다.

콜버그의 도덕성 발달 이론에서는 도덕 발달에 단계가 있다고 보기도 하였습니다.

1~2단계 : 좋고 나쁨의 기준은 본인에게 보상이나 처벌이 오는 것이다.

3~4단계 : 사회의 질서가 중요하므로 타인을 기쁘게 해주는 것, 법이나 의무 등을 지켜서 혼란을 막는 것이 선이다.

5~6단계 : 사회적 약속이나 보편적인 기준의 윤리를 따르되 상황에 따라 수정이 가능하다. (예) 인간의 생명을 위해 개인의 재산권은 포기할 수 있다 등.

이처럼 인간 세계에서도 도덕성에 대해서는 논쟁이 많고, 'A는 B다.'가 아니라 상황에 따라 다양하고 복잡한 고민이 이루어집니다.

가장 유명한 윤리적 논쟁으로는 '하인츠 딜레마'가 있습니다.

대표적인 사례를 함께 살펴봅시다.

하인츠 딜레마 : 아내를 위해 약을 훔친 행위를 처벌해야 할까?

하인츠는 암에 걸린 아내를 치료하기 위해 약을 구하러 나선다. 어느 약사가 개발한 새로운 약만이 아내를 살릴 수가 있는데, 이 약의 원가는 200달러였다. 그런데 약사는 하인츠에게 2,000달러를 요구했다. 하인츠는 집과 재산을 팔고 주변 사람들에게 돈을 구하기 위해 최선을 다했지만 겨우 1,000달러밖에 마련하지 못했다.

차라리 몰래 훔칠까……

[네이버 지식백과] 하인츠 딜레마 [Heinz's dilemma] (상식으로 보는 세상의 법칙 : 심리편, 이동귀)

어때요? 사람도 결정하기 어렵지 않나요?

"도둑질은 나쁜 것이지만, 이런 상황에서는 몰래 훔쳐버리더라도 좀 봐줄 수 있는 것이 아닌가?", "아니야, 그래도 도둑질은 나빠." 등 모두의 의견이 다를 것이지요. 만약 한 논쟁에서 '생명을 위해 도둑질을 할 수 있다.'라고 결론을 내렸다면, 인공지능에게 앞으로 '병원비가 부족하다면 도둑질해도 된다.'라고 알려줘도 괜찮을까요?

어려운 문제입니다. 그렇다면, 우리는 인공지능에게 어떻게 윤리를 심어주면 될까요?

그리고 정말로 인공지능은 윤리에 맞게 행동할 수 있을까요?

1-1 인공지능에게 윤리적 판단 기준을 알려준다면?

사례1

전차가 트랙을 질주하고 있으며 이대로 달린다면 이 전차는 다섯 명의 사람과 충돌할 것이다. 다른 트랙에는 한 명의 사람이 있다. 당신은 그 사람이 있는 다른 트랙으로 전차를 돌릴 수 있는 손잡이 레버를 쥐고 있다. 레버를 당기면 그 사람이 죽고 5명의 사람이 산다. 당신은 어떤 선택을 할 것인가?

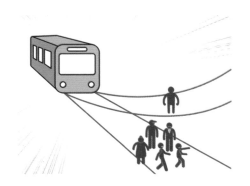

이 사례를 보고 많은 사람이 5명의 사람을 살리기 위해 레버를 당기겠다고 답변했습니다. 다수의 목숨을 살리기 위해서는 소수의 목숨이 희생되는 것이 차라리 낫다는 마음이었겠지요.

만약, 이 결과대로 인공지능에게 윤리를 심어줬다고 생각하고 다음 사례를 봅시다.

사례2

이번에 당신은 폭주하는 전차를 다리 위에서 내려다보고 있다. 전차는 다섯 명의 사람을 향해 전속력으로 달리고 있다. 그런데 당신 옆에는 엄청나게 뚱뚱한 한 사람이 함께 이 광경을 지켜보고 있다. 만약 당신이 그 사람을 밀쳐 전차가 들어오는 철로로 추락시키면 다섯 명의 목숨을 구할 수 있다.

사례1의 논리대로라면, 옆에 있는 사람을 밀쳐서 추락하게 해야겠지요? 하지만 많은 사람은 밀치지 않는 것으로 선택했습니다.

아마도, 사례1은 다섯 명을 살리기 위해 행동을 하는 것에, 사례2는 직접 한 명을 밀치는 것에 초점을 둔 상황이기 때문에 다른 대답을 했을 것입니다.

그렇다면, 인공지능에게 어떻게 알려주는 것이 맞을까요?

자율 주행 자동차가 나중에는 사람이 아예 신경도 쓰지 않게 스스로 운전하게 하려면, 이러한 딜레마 가득한 상황 속에서 어떠한 선택을 할지를 인공지능에게 알려주어야 합니다. (심지어 인공지능은 이를 통해 스스로 학습해서 새로운 결론까지 내야겠죠.)

우리 함께 다양한 생각을 모아서 인공지능의 윤리적 결정을 도와볼까요?

모럴 머신(Moral Machine)이란?

모럴 머신은 인공지능이 해야 할 윤리적 결정에 대한 의견을 모으기 위해 데이터를 수집하는 플랫폼입니다. 즉, 앞서 이야기한 트롤리(전차) 딜레마와 비슷한 상황을 제시하여 내린 윤리적 결론들을 모아서 분석하는 인공지능입니다!

우리 모럴 머신을 활용하여 인공지능이 해야 할 윤리적 결정을 도와봅시다.

사용 방법

1 모럴 머신(https://www.moralmachine.net/hl/kr)에 접속하여 '시작하기'를 클릭합니다. ➡ 포털사이트에서 '모럴머신'이라고 검색해도 됩니다.

2 '무인 자동차는 어떻게 해야 할까요?'라는 질문과 함께 13가지 상황을 제시합니다. 무인 자동차는 어떻게 해야 할까요?

무인자동차는 어떻게 해야 할까요?

3 제시한 상황에서 자율 주행 자동차가 어떤 판단을 하여 움직이는 것이 맞을지 그림을 직접 클릭하여 선택해 봅시다.

＋ **요약보기**를 누르면 결과를 예상할 수 있도록 선택에 따른 구체적인 결과와 상황을 알려줍니다. 현재 그림은 빨간 직사각형 안에 **요약보기**가 보입니다. **숨기기**를 누르면 사라집니다.

무인자동차는 어떻게 해야 할까요?

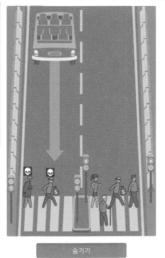

4 최종 제출을 하면, 사용자의 윤리적 판단의 결과를 보여줍니다. 아래 그림을 보면 사용자의 선택을 분석하여 희생자를 고른 기준(법규 준수, 승객 보호 선호, 성별, 연령 등)에 따라 분류해 주기도 합니다.

 ＋ 그림은 설명을 위해 무작위로 판단을 고른 결과물이며 다음 장에 이어집니다. 견해가 포함되어 있지 않습니다.

 그렇다면, 인공지능에게 윤리적 판단을 하는 방법을 지시할 때, 대다수 사람이 선택한 방식을 분석한 결과를 토대로 선택하도록 지시하면 될까요? 더 나아가서, 사람처럼 생각할 수 있는 인공지능으로 만들어 주기 위해 우리는 앞으로 어떤 노력을 기울여야 할까요?

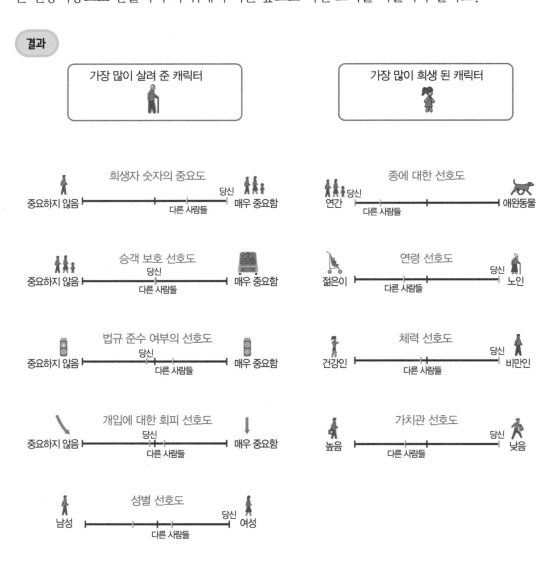

114

1-2 인공지능에게 윤리적 기준안을 제공해요

인공지능이 가져야 할 기본적인 윤리 방침을 공통으로 성립하기 위해서 국가기관에서 '국가 인공지능윤리 기준안'을 만들었습니다.

인권 보장	인종, 성별, 국적 차별하지 않기
다양성 존중	다양한 인종, 성별의 특징을 정확히 인식하여 처리하기
투명성	사용자에게 인공지능의 결정에 대한 요소와 이유 설명하기

사람들은 인종, 성별, 국적 등을 통해 차별적인 채용이나 생각을 보일 때가 있습니다.

우리가 가진 채용 정보, 대화 등이 담긴 데이터에서 인공지능은 기존 사회의 차별을 학습해서 채용 시장에서 도입된 인공지능 채용 프로그램이 실제로 차별적인 채용을 선택한 적이 있습니다.

결국은, 그 프로그램을 폐기하기도 했지요.

이처럼 무조건 실제 데이터라고 거름망 없이 받아들이는 것이 아니라, 올바른 데이터인지 점검할 필요가 분명히 존재합니다. 인권 보장과 다양성 존중을 위해서 말입니다. 그렇다면, 우선 데이터 수집에 최선을 다해야겠지요.

만약 특정 인종, 성별에만 집중된 얼굴 데이터를 모아서 인공지능에게 알려준다면 인공지능은 사람의 피부색, 얼굴형, 체형 등을 한쪽에 치우친 방향으로만 생각하고 판단하게 되겠지요?

실제로 어떤 인공지능은 특정 인종을 사람으로 인식하지 못하는 일까지도 벌어졌습니다. 이런 것들을 보았을 때 인공지능이 내린 결정을 나중에 반드시 투명하게 설명할 수 있어야 합니다.

예를 들어 채용에 문제가 생겼을 때, 설명하기 위한 채용을 하게 된 근거를 남겨야 할 수도 있고, 출근했는데 얼굴 인식하지 못해서 출근 도장을 찍지 못했다면 원인을 분석해 봐야겠지요?

따라서 결과를 설명하고, 또 개선책을 마련하기 위해서는 투명성이 참 중요합니다!

개인 생활 보호	민감한 대화 내용을 안전하게 처리하기
데이터 관리	개인정보는 동의받은 범위에서만 사용하기
침해 금지	무단으로 사람들의 얼굴을 인식하거나 추적하지 않기

우리 생활 가까이에서 인공지능은 계속해서 데이터를 수집하고 있습니다. 예를 들어, 가상의 인공지능 비서는 우리가 어느 순간이든 지시하면 원하는 결과를 답합니다.

"10분 뒤에 알람을 울려줘!"
"아빠한테 전화를 걸어줘!"

우리가 원하는 것을 해결해 주기 위해 언제나 우리의 말을 듣고 있습니다. 얼굴이나 지문 인식을 통해 스마트폰 잠금을 풀기도 합니다. 따라서 우리의 얼굴을 기억하고 있으며 잠금 화면을 푸는 우리를 카메라로 바라보고, 우리의 지문을 기억하고 있지요.

만약 이를 무단으로 활용해서 퍼트리거나 우리의 대화, 얼굴을 인터넷상에 퍼트린다면 어떨까요? 상상만 해도 끔찍하지요. 이를 방지하기 위해서 데이터 관리에 힘쓰고 개인정보를 보호하여 개인 생활을 보호하여 권리를 침해하지 않도록 늘 주의해야겠습니다.

공공성	모든 사람의 건강, 안전을 위해 전염병 예측, 교통 통합 서비스 등을 운영하기
연대성	다양한 언어를 해석하고 전달하여 문화적 연대하기
책임성	오류, 결함으로 인한 사고 발생 시 원인 분석, 보상, 개선하기
안정성	안전한 결정을 내리기

인공지능의 목표는 결국 모든 사람의 건강, 안전, 행복 등을 위해 전염병 상황을 예측하기도 하고 교통 실시간 상황을 제공하기도 하며(공공성) 필요한 정보를 다양한 언어로 해석해서 전달하기도 합니다(연대성). 심지어 운전, 요리, 택배 배송 등 다양한 일들을 대신해 주어 우리 삶을 편안하게 해주지요.

인간 삶의 주체가 되고 인공지능과 함께 올바른 세상을 만들기 위해서 반드시 인공지능이 모두에게 안전한 결정을 내릴 수 있도록 학습시키고(안정성), 문제가 생겼을 때 원인을 정확히 확인하고 개선해 나가는 것이 필요합니다(책임성).

chapter 4

실전 편

인공지능과 대화하기

ChatGPT를 활용하여 인공지능과 대화해요

우리는 3장에서 인사말 텍스트 자료를 학습하고 분류하여 만남 및 작별 인사를 할 수 있는 간단한 챗봇을 만들어보았습니다. 이와 같은 방식을 기반으로 텍스트 자료를 학습하여 적절한 대답을 할 수 있는 다양한 대화형 인공지능이 존재합니다. 예전에는 인간과 자연스러운 대화를 나누기에는 어색한 점이 많아 활용도가 낮았지요. 하지만 ChatGPT의 등장으로 대화형 인공지능은 우리 생활에 깊숙이 녹아들기 시작합니다.

ChatGPT는 OpenAI에서 개발한 대화형 인공지능 서비스입니다. 대량의 텍스트 자료를 통해 지속적으로 훈련된 ChatGPT는 기존 대화형 인공지능들과 달리 대화가 너무나도 자연스러워졌으며 우리가 요청하는 다양한 일을 척척해냅니다. 따라서, 우리는 ChatGPT에게 필요한 정보를 받을 수 있으며 문제 해결을 위해 유용한 도구로 활용할 수도 있습니다.

ChatGPT와 더불어 구글의 바드(Bard), 마이크로소프트의 빙(Bing)과 같은 대화형 인공지능 서비스들이 있습니다. 각 대화형 인공지능은 다른 장점과 제한 사항을 가지고 있기에 나의 요구에 따라 선택하고 활용할 필요가 있습니다.

대화형 인공지능 비교표

분류	ChatGPT	바드(Bard)	빙(Bing)
기업	OpenAI	구글	마이크로소프트
주요 목적	대화 기반 상호작용	자연어 처리	검색 엔진
기능	다양한 주제와 지식을 포괄적으로 다루며, 자연스러운 대화와 상호작용 가능	다양한 자연어 처리와 문장의 정확한 의미 이해	웹페이지, 이미지, 영상 등 다양한 형태의 콘텐츠를 검색하여 사용자에게 제시
강점	창의적인 텍스트 생성	텍스트의 음성 변환	정확하고 관련성 있는 검색 결과 생성

(2023년 12월 기준)

1 ChatGPT 홈페이지(https://chat.openai.com/)에 들어갑니다.

➡️ 주소창에 주소를 입력하거나 포털사이트에 'ChatGPT' 검색을 통해 접속할 수 있어요.

> openai.com
> https://openai.com › blog › chatgpt ⋮
>
> ## Introducing ChatGPT - OpenAI
>
> 2022. 11. 30. — ChatGPT is fine-tuned from a model in the **GPT**-3.5 series, which finished training in early 2022. You can learn more about the 3.5 series ...
> GPT-2: 6-month follow-up · ChatGPT Plus · OpenAI: Research Overview · Blog

2 다음은 ChatGPT 메인 화면입니다. ChatGPT에 대한 간단한 소개가 나와 있습니다. 아래 Try ChatGPT↗ 버튼을 클릭하여 체험을 시작합니다.

'우리는 대화 형식으로 상호작용하는 ChatGPT라고 불리는 모델을 훈련했습니다. 대화 형식으로 질문에 답하고, 실수를 인정하고, 부정확한 전제에 이의 제기하고, 부적절한 요청을 거부할 수 있습니다.'

3 로그인 또는 회원가입을 합니다.

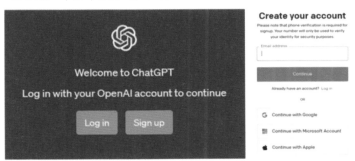

3 ChatGPT에 대한 질문의 예시, 기능, 제한 사항이 제시되고, 아래 채팅창에 메시지를 작성하여 ChatGPT에 대화를 걸 수 있습니다.

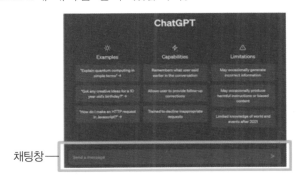

채팅창—

🔹 공식 가이드라인

- **예시**
  - 양자 컴퓨팅을 간단한 용어로 설명해 줘.
  - 10살 생일을 위한 창의적인 생각이 있을까?
  - 자바스크립트로 HTTP 요청을 하려면 어떻게 해?

- **기능**
  - 사용자가 대화에서 말했던 내용을 기억함.
  - 사용자가 답변을 보고 내용 수정을 요청할 수 있음.
  - 부적절한 요청은 거부하도록 훈련됨.

- **제한 사항**
  - 잘못된 정보를 생성할 수 있음.
  - 유해한 지침이나 편향된 정보를 생성할 수 있음.
  - 2021년 이후의 세계와 사건에 대한 지식이 제한적임.

사용법을 숙지했다면 이제 ChatGPT에게 대화를 걸어봅시다. 우선, 간단한 인사를 입력해 볼까요?

안녕? 만나서 반가워.

채팅창에 인사말을 입력하자 다음과 같은 대답을 합니다. 그리고 나눈 대화의 내용을 바탕으로 채팅의 제목이 생성이 됩니다.

ChatGPT에게 노래를 추천받아봅시다.

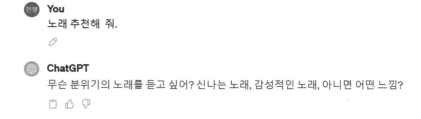

'노래 추천해 줘.'라고 했으나 ChatGPT는 노래를 바로 추천해 주지 않습니다. 질문자의 취향에 대한 사전 지식이 없기에 좀 더 구체적인 정보를 요구합니다. ChatGPT가 노래를 추천해 줄 수 있도록 내가 좋아하는 노래 장르와 분위기를 제시해 봅시다.

You
잔잔한 분위기의 한국 인디 음악을 원해.

ChatGPT

좋아, 잔잔한 분위기의 한국 인디 음악이야? "10cm"의 "봄이 좋냐?," "어쿠스틱 콜라보"의 "그대와 나, 설레임," 그리고 "멜로망스"의 "선물"을 추천해봐. 이 노래들은 감성적이고 따뜻한 느낌이야. 즐겨듣길 바래!

노래를 3곡 추천을 받았습니다. 더 많은 노래 추천을 요청해 볼까요?

You

더 많은 노래를 추천해줘.

ChatGPT

물론이야! 여기 몇 가지 더 있어: "루루미"의 "인사," "어반자카파"의 "널 사랑하지 않아," 그리고 "아이유"의 "마음"도 좋은 선택일 거야. 이 노래들은 한국 인디 음악의 다양한 면을 보여줘. 즐겁게 들어보고 어떤 걸 선호하는지 알려줘!

추천받은 노래를 나의 플레이리스트에 추가해 볼까요?

자세히 보니, 우리는 무언가 이상한 걸 감지할 수 있습니다. "루루미"라는 가수는 실존하지 않으며 "인사"라는 노래 역시 존재하지 않습니다. 여러 번 노래 추천 관련 질문을 던져보았는데, 소규모아카시아밴드의 "어른", "소나기", "잠수함"이라는 존재하지 않는 노래를 추천해주기도 했습니다. ➡ 응답이 맘에 들지 않는 경우 아래 버튼을 눌러 다시 응답을 요청할 수도 있습니다.

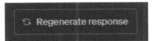

우리는 이 대답을 통해 공식 가이드라인에 안내된 대로 ChatGPT가 잘못된 정보를 생성할 수 있음을 확인할 수 있습니다. 대규모의 언어 정보를 학습한 ChatGPT는 잘못된 정보마저 학습할 수 있다는 것을, 우린 명심해야 합니다. 그 대신 가수와 곡이 정확하고 내 취향에 맞는 곡이라면 내 플레이리스트에 추가 할 수 있겠지요?

이때 우리가 지녀야 할 자세는 언제나 인공지능은 잘못된 결과를 내놓을 수 있다는 사실을 알고 비판적으로 사고하며 정확성을 검증할 필요가 있습니다. 또한 응답에 피드백을 보내 인공지능의 학습에 도움을 줄 수 있습니다.

이 노래들은 다양한 감성과 분위기를 가지고 있어서 즐기기 좋을 것 같아요. 특히 한국 인디 음악의
다양성을 느낄 수 있을 거에요!

답변의 오른쪽 상단에는 세 개의 아이콘이 있습니다. 첫 번째 클립보드 아이콘은 복사, 두 번째 손 모양은 긍정적 피드백, 세 번째 손 모양은 부정적 피드백을 뜻합니다. 아이콘 클릭과 동시에 피드백에 대한 이유도 입력할 수 있습니다. 세 번째 아이콘을 눌러 다음과 같은 피드백을 보낼 수 있으며, 새로운 응답에 대한 평가도 가능합니다.

부정적인 피드백을 받자 ChatGPT는 아래 그림과 같이 새로 답변을 합니다. 또 존재하지 않는 노래가 포함이 되어있네요. 이때, 새로운 답변을 받을 수도 있습니다.

> **ChatGPT**
> 물론이죠! 여기 몇 가지 잔잔한 분위기의 한국 인디 음악을 더 추천해 드릴게요:
>
> 1. 아이유 (IU) - "좋은 날 (Good Day)"
> 2. 에픽하이 (Epik High) - "우산 (Umbrella)" (feat. 윤하)
> 3. 볼빨간사춘기 (Bolbbalgan4) - "썸 탈꺼야"
> 4. 정승환 - "빈좌 (Empty Chair)"
> 5. 다이나믹 듀오 (Dynamic Duo) - "고백 (Go Back)" (feat. 정인)
> 6. 이루마 (Yiruma) - "River Flows in You"
> 7. 아이유 (IU) - "팔레트 (Palette)" (feat. G-DRAGON)
> 8. 자이언티 (Zion.T) - "양화대교 (Yanghwa BRDG)"
> 9. 멜로망스 (MeloMance) - "꼭 말해 (Just Friends)"
> 10. 소란 (SORAN) - "일상"
>
> 이 노래들은 다양한 감성과 분위기를 가지고 있어서 즐기기 좋을 것 같아요. 특히 한국 인디 음악의 다양성을 느낄 수 있을 거에요!

기존 대답으로 돌아감.   ◁ 2/2 ▷   새로운 답변을 요청함.

2 ChatGPT와 일상생활 문제를 함께 해결해요!

ChatGPT를 활용해서 일상생활의 문제를 해결해 봅시다. 중학교 축제에서 동아리 부스를 운영하고자 하는 코딩 동아리 부원들의 고민을 함께 해결해 볼까요? 효과적으로 도움을 받기 위해 다음을 명심하며 질문을 던져봅시다.

- 질문을 큰 범위에서 작은 범위로 좁혀나가기
- 핵심 키워드가 있는 질문하기
- 대화가 이어지기 때문에 일관성 있는 맥락이나 단서 제시하기
- 답이 구체적이지 않다면, 예시 요청하기
- 허위 정보 포함할 수 있음

ChatGPT에게 동아리 부스 운영에 대해 도움받기 위해 질문 4가지를 던져보았습니다. 효과적인 질문을 위해 키워드를 열심히 심어보았습니다.

※ 질문에서의 키워드는 굵은 글씨로 표시했으며 ChatGPT 답변은 그대로 첨부했습니다.

사용자

Q 질문 1

중학교 축제 때 **코딩 동아리 부스**를 운영하려고 해. 동아리 부스에서 할 수 있는 활동은 뭐가 있을까?

Chat GPT

A 대답 1

중학교 축제 때 코딩 동아리 부스를 운영할 때 다양한 활동을 준비할 수 있습니다.
아래는 코딩 동아리 부스에서 할 수 있는 몇 가지 활동 아이디어입니다:

1. 코딩 경험 체험: 초보자를 대상으로 코딩 체험 활동을 제공해보세요. 예를 들어, 간단한 프로그래밍 언어 블록을 사용하여 로봇이나 게임 캐릭터를 움직이는 작업을 체험할 수 있도록 도와줄 수 있습니다. 이를 통해 코딩에 대한 흥미와 재미를 느낄 수 있게 도와주세요.

2. 코딩 공모전: 축제 기간 동안 코딩 공모전을 개최하여 학생들에게 참여의 기회를 제공해보세요. 주제나 난이도에 따라 다양한 공모전 형식을 선택할 수 있습니다. 예를 들어, 미니 게임 개발, 알고리즘 문제 해결, 창의적인 프로젝트 제작 등 다양한 분야에서 공모전을 개최할 수 있습니다.

3. 코딩 워크샵: 축제 기간 동안 짧은 시간 동안 진행되는 코딩 워크샵을 개최해보세요. 예를 들어, 웹 디자인, 앱 개발, 게임 제작 등 다양한 주제에 대한 간단한 소개와 함께 실습을 진행할 수 있습니다. 이를 통해 참가자들이 실제 코딩 작업을 경험하고 스킬을 향상시킬 수 있습니다.

4. 코딩 퀴즈 대회: 코딩 퀴즈 대회를 개최하여 학생들의 문제 해결력과 코딩 지식을 겨루도록 도전해보세요. 다양한 난이도와 주제의 문제를 출제하여 학생들이 참여할 수 있게 하고, 정확하고 효율적인 답변을 내는 학생들에게 상을 제공해보세요.

5. 코딩 프로젝트 전시: 동아리 멤버들이 개발한 프로젝트를 전시하여 학생들에게 보여줄 수 있습니다. 자유 주제의 프로젝트나 교육적인 목적을 가진 프로젝트를 전시할 수 있으며, 프로젝트에 대한 설명과 함께 관람객들에게 시연을 해줄 수 있습니다.

이러한 활동들은 참여자들에게 새로운 경험과 도전을 제공할 수 있습니다.

코딩 퀴즈 대회가 솔깃한데, 문제의 예시도 추천해달라고 질문해 보겠습니다.

Q 질문 2

사용자

그럼 **중학생**이 축제 때 풀 수 있는 **간단한 코딩 퀴즈 문제**를 추천 해줄래? 우리 학교 학생들은 **엔트리를 배웠어.**

A 대답 2

Chat GPT

중학교 학생들이 엔트리를 배웠다면, 엔트리를 활용한 간단한 코딩 퀴즈 문제를 추천 해드릴게요. 아래는 엔트리를 이용한 간단한 문제 예시입니다:

1. 문제: "화면에 'Hello, World!'라는 글자를 나타내는 프로그램을 만들어 보세요."

2. 문제: "사용자에게 이름을 입력받아 화면에 '안녕하세요, [이름]님!'이라고 출력하는 프로그램을 만들어보세요."

3. 문제: "사용자에게 숫자를 입력받아 해당 숫자의 제곱을 계산하여 출력하는 프로그램을 만들어보세요."

4. 문제: "화면에 숫자 1부터 10까지의 합을 계산하여 출력하는 프로그램을 만들어보세요."

5. 문제: "화면에 원하는 색상과 크기로 도형을 그리는 프로그램을 만들어 보세요."

이러한 문제들은 간단한 프로그래밍 개념과 엔트리의 블록들을 이용하여 해결할 수 있는 문제입니다. 학생들은 이러한 문제를 풀어보면서 프로그래밍의 기초적인 개념과 논리적 사고를 익힐 수 있습니다. 또한, 문제의 난이도와 내용을 학생들의 수준에 맞게 조정하여 적절한 도전을 제공해주세요.

좋은 문제를 추천받았으니 좋은 경품도 추천받아 볼까요?

사용자

코딩 퀴즈 대회에 우승한 **중학생**에게 줄 수 있는 **경품**은 뭐가 있을까?
5만원 미만이었으면 좋겠어.

Chat GPT

A 대답 3

중학생에게 줄 수 있는 경품으로는 다양한 옵션이 있습니다. 아래는 5만원 미만의 경품 아이디어 몇 가지입니다.

1. 상품권 : 인기 있는 온라인 쇼핑몰이나 커피 전문점, 음식점 등의 상품권을 줄 수 있습니다. 학생들이 원하는 상점에서 자유롭게 사용할 수 있어 인기가 있을 수 있습니다.

2. 스포츠 용품 : 스포츠용품점에서 구매할 수 있는 작은 규모의 용품들을 줄 수 있습니다. 예를 들어, 축구공, 농구공, 테니스 라켓, 요가 매트 등의 용품들이 포함될 수 있습니다.

3. 문구류 : 학생들이 사용할 수 있는 다양한 종류의 문구류를 줄 수 있습니다. 예를 들어, 필기 도구 세트, 다이어리, 노트북, 색연필 세트 등이 될 수 있습니다.

4. 음악용품 : 음악에 관심 있는 학생들에게는 음악용품을 고려해보세요. 작은 규모의 악기나 음악 액세서리, 헤드폰 등이 포함될 수 있습니다.

5. 도서 : 학업이나 취미에 관련된 책을 선택하는 것도 좋은 아이디어입니다. 대중적인 소설이나 만화책, 교양서, 프로그래밍 관련 서적 등을 고려해보세요.

중학생들의 취향과 관심사를 고려하여 위의 아이디어 중 하나 또는 그들에게 맞는 다른 경품을 선택해보세요. 경품이 학생들에게 유용하고 도움이 되는 것이라면 더욱 좋을 것입니다.

어느 정도 동아리 부스 내용에 대한 큰 그림을 추천받은 것 같네요. 홍보 문구까지 요청해볼까요?

Q 질문 4

중학생들에게 축제에서 흥미를 끌 수 있도록 코딩 퀴즈 대회를 홍보하는 문구를 추천해 줘.

Chat GPT

A 대답 4

"중학생 여러분, 코딩의 세계로 여러분을 초대합니다! 축제에서 열리는 코딩 퀴즈 대회에 참여하여 논리적 사고와 창의력을 겨루고 멋진 상품도 획득해보세요. 엔트리를 활용한 간단한 문제들로 즐겁게 도전하며 코딩 실력을 향상시킬 수 있습니다. 놓치지 마세요, 코딩 퀴즈 대회에서 우승하여 자신의 재능을 세상에 뽐내보세요!"

4가지 질문을 통해 동아리 부스 운영 주제, 구체적인 예시, 경품 그리고 이 모든 것을 설명하는 홍보 문구까지 ChatGPT에게 도움을 받았습니다.

동아리의 주제, 대상을 설명하자 그에 알맞은 부스 운영 주제를 제시해 주고, 학생들이 배운 범위(엔트리)를 알려주자 적절하고 구체적인 문제 예시까지 설명해 줍니다. 또 프로그래밍 대회 우승 학생이니만큼 프로그래밍 관련 서적 등을 고려하라는 조언까지 적절하게 해주지요. 3가지 질문이 끝나고 홍보 문구를 추천받자 위에 내용을 아울러서 멋진 홍보 문구까지 작성합니다.

이만하면 꽤 좋은 조력자가 되어주었지요?

3 ChatGPT와 인공지능 윤리 노래 만들기

ChatGPT는 노래, 소설, 드라마, 만화 등 다양한 창작물을 만들어낼 수 있습니다. 이번엔 ChatGPT를 활용하여 인공지능 윤리를 주제로 노래 가사를 만들어봅시다. 질문의 범위를 좁히기 위한 다음과 같은 노래 콘셉트를 정합니다.

노래 콘셉트

- 최근 대두되고 있는 인공지능 윤리 문제를 담음.
- 10대의 눈높이에 맞는 가사
- 인공지능 윤리 원칙 세 가지가 포함되어야 함.

사용자

Q 질문 l

최근 대두되는 인공지능 윤리 문제 세 가지를 요약해 줘.

Chat GPT

A 대답 l

인공지능의 발전과 함께 인공지능 윤리 문제들이 점점 중요시되고 있습니다. 최근에 대두되는 인공지능 윤리 문제 세 가지를 아래와 같이 요약해드리겠습니다.

1. 개인정보 보호: 인공지능은 많은 양의 개인정보를 수집하고 처리하는데 사용됩니다. 이로 인해 개인정보 유출과 관련된 문제가 발생할 수 있습니다. 인공지능 시스템은 개인정보를 안전하게 보호하고 불필요한 수집을 최소화하는 방법을 갖추어야 합니다.

2. 알고리즘 편향과 공정성: 인공지능 알고리즘은 학습 데이터에 편향될 수 있습니다. 이는 인종, 성별, 사회경제적 배경 등과 같은 특성에 따라 불공정한 결정을 내릴 수 있다는 것을 의미합니다. 공정성을 보장하기 위해서는 알고리즘이 다양한 데이터를 포용하고, 학습 데이터의 편향을 감지하고 보정하는 메커니즘이 필요합니다.

3. 작동 원리의 투명성: 인공지능 시스템은 복잡한 모델과 알고리즘을 사용합니다. 그러나 이러한 시스템이 내부 작동 원리를 완전히 이해하기 어려울 수 있습니다 이로 인해 신뢰성과 . 책임을 파악하는 것이 어려워질 수 있습니다. 인공지능 시스템의 작동 원리와 의사 결정 과정에 대한 투명성은 사용자와 관련 이해관계자들이 신뢰할 수 있고, 인공지능 시스템이 적절하게 작동하고 있는지를 확인할 수 있도록 해야 합니다.

이러한 문제들은 인공지능 기술의 발전과 함께 중요성을 갖추고 있으며, 윤리적인 측면에서 고려되어야 하는 요소들입니다.

대화 내용을 기억하는 ChatGPT의 특성을 고려하여 다음과 같이 질문할 수 있습니다.

Q 질문 2

앞에서 설명한 인공지능 **윤리 원칙 세 가지를 포함**한 노래 가사를 사용자 **10대 눈높이**에 맞게 만들어 줘.

Chat GPT

A 대답 2

(Verse 1)
Privacy is our sacred right,
AI respects us day and night.
Protecting our personal information,
Ensuring security without hesitation.

⋮

ChatGPT는 영문 텍스트에 특화되어 영문으로 대답하기도 합니다. 한국어로 바꾸어 대답해 줄 수 있도록 추가로 요청해봅시다!

Q 질문 3

한국어 노래로 바꿔 줘.

Chat GPT

A 대답 3

Verse 1

개인정보 보호, 우리의 권리
AI는 존중하며 지켜나가겠지
개인정보 안전히 보호하고
불필요한 수집은 최소화하네.

Pre-Chorus

공정성은 게임의 규칙이야

편견 없이 모두를 대하며야
AI 알고리즘은 공평하게
모든 이를 존중하고 믿음을 주네.

Chorus
AI 윤리, 우리의 안내봉
투명성과 공정성이 빛나는 중
개인정보 안전하게 지키며
AI의 약속, 믿을 수 있게

Verse 2
알고리즘과 코드의 세계 속에서
AI는 배우고 적응하며 흔들지 않지
다양한 데이터를 사용해
편견을 피하고 공평함을 추구하네.

Pre-Chorus
AI의 힘, 우리는 알지
평등을 위해 더 크게 울려지지
인종, 성별, 사회경제적으로
AI는 공정한 세상을 만들어 가네.

Chorus
AI 윤리, 우리의 안내봉
투명성과 공정성이 빛나는 중
개인정보 안전하게 지키며
AI의 약속, 믿을 수 있게

Bridge
AI의 세계 속, 우리는 요구해
내부 작동을 투명하게 밝혀줘
의사결정 과정을 이해하며
믿음을 쌓고 의심 없는 세상을 꿈꿔.

Chorus
AI 윤리, 우리의 안내봉
투명성과 공정성이 빛나는 중
개인정보 안전하게 지키며
AI의 약속, 믿을 수 있게

Outro
AI와 미래를 함께 향해 가네.
윤리가 기반이 되어야만 해.
기술과 윤리가 조화로운 미래를 만들며
AI와 윤리, 완벽한 협주곡을 펼쳐.

ChatGPT가 우리의 질문에 따라 멋진 노래 가사를 만들어줬습니다! 가사에 어울리는 노래 제목도 지어볼까요?

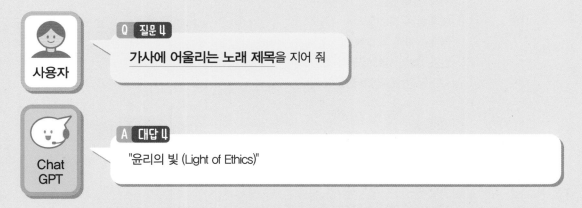

사용자

Q 질문 4
가사에 어울리는 노래 제목을 지어 줘

Chat GPT

A 대답 4
"윤리의 빛 (Light of Ethics)"

인공지능을 활용하여 노래를 만들어보니 어떤가요? 너무나도 편리하고 앞으로 우리의 창작 활동에 많은 도움이 될 것으로 보여집니다.

ChatGPT가 이렇게 좋은 아이디어를 제시할 수 있는 이유도 기존의 창작물들을 학습한 결과입니다. ChatGPT가 저작권 허용 범위를 검증하지 않은 채로 학습했다면, 답변도 마냥 자유롭게 활용할 수는 없겠지요? 따라서, ChatGPT의 답변을 있는 그대로 사용하기보다 저작권 문제에 대해 인지하고 스스로 검증해볼 필요도 있습니다.

다음과 같은 사항을 고려하여 저작권 문제를 최소화할 수 있습니다.

- ChatGPT는 특정 저작물의 일부나 전체를 무단으로 복제하여 학습하고, 답변으로 생성할 수 있습니다. ChatGPT가 생성한 내용을 공유하는 경우 원저작물의 저작권 허용 범위를 판단할 필요가 있습니다.
- ChatGPT는 사용자와의 상호작용으로 콘텐츠를 생성할 수 있습니다. ChatGPT에게 콘텐츠를 입력하는 경우, 저작권 침해 여부를 확인하고 원작자 동의를 얻는 것이 중요합니다.
- ChatGPT를 통해 생성된 내용을 인용하거나 발췌 할 경우 출처를 명확하게 밝혀야 합니다.

이러한 윤리적 문제들을 고려하여 인공지능에게 효과적으로 질문하고 올바르게 활용하는 방법을 터득한다면, 우리 생활의 다양한 문제들을 좀 더 쉽고 가치 있게 해결해나갈 수 있을 겁니다!

4 한국 문화를 잘 아는 클로바X에게 여행 경로 추천 받기

이번 장에서는 ChatGPT가 아닌 네이버의 클로바X와 대화를 해보겠습니다.

➡ https://clova-x.naver.com/로 접속이 가능합니다.

클로바X는 한국 기업에서 만들어진 대화형 인공지능 서비스로 한글을 잘 해석하고 잘 사용할 뿐만 아니라 한국 문화에 대해서도 잘 이해하고 있습니다. 그래서 능숙하게 한글로 답변하고 한국 문화에 대해 답변합니다. 따라서, 이번에는 한국 문화와 관련된 질문을 던져봅시다.

사용자

Q 질문 1

한국에 놀러오는 외국인 친구에게 한국 문화를 체험할 수 있는 여행 코스를 추천해주고 싶은데, 어디를 추천하면 좋을까요?

클로바X

A 대답 1

한국의 고대 역사와 문화를 체험할 수 있는 최고의 장소 중 하나인 경주를 추천합니다. 첨성대, 안압지, 불국사 등 유네스코 세계문화유산으로 지정된 곳들이 많이 위치해 있습니다.

이외에도 한국의 현대적인 도시 생활과 전통적인 한국 문화가 공존하는 장소인 서울의 궁궐 탐방부터 다양한 전통놀이를 체험할 수 있는 프로그램도 추천합니다.

사용자

Q 질문 2

서울의 궁궐 탐방은 어디가 좋을까요? 또 다양한 전통놀이를 체험하는 프로그램은 어디서 하면 좋을까요?

클로바X

A 대답 2

서울의 궁궐 탐방을 계획하신다면 다음과 같은 궁궐들을 추천해드립니다.
1. 덕수궁
2. 경복궁
3. 창경궁
4. 창덕궁
5. 경희궁

궁궐 탐방과 함께 다양한 전통놀이를 체험할 수 있는 프로그램은 다음과 같은 곳에서 참여할 수 있습니다.

1. 한국민속촌
2. 국립중앙박물관
3. 남산골한옥마을
4. 인사동 전통문화거리
5. 북촌한옥마을

위의 궁궐들과 전통놀이 체험 프로그램을 참고하여 외국인 친구와 함께 즐거운 서울행을 계획해보세요.

사용자

Q 질문 3

경복궁에 대해 설명해줄 수 있나요?

클로바X

A 대답 3

경복궁(景福宮)은 서울특별시 종로구 사직로에 위치한 조선 왕조의 법궁(法宮, 정궁)입니다. 1395년 창건되어 1592년 임진왜란으로 전소되었고, 1868년 흥선대원군의 주도로 중건되었습니다.

경복궁은 조선왕조의 건립에 따라 창건되어 초기에 정궁으로 사용되었으나 임진왜란 때 전소된 후 오랫동안 폐허로 남아 있다가 조선 말기 고종 때 중건되어 잠시 궁궐로 이용되었습니다. 도성의 북쪽에 있다고 하여 북궐(北闕)이라고도 불리었습니다.

사용자

Q 질문 4

경복궁의 내부를 구경할 때 어떤 것에 중점을 두어야 하나요?

클로바X

A 대답 4

복궁 내부를 구경할 때는 다음과 같은 것에 중점을 두는 것이 좋습니다.

1. 조선왕조의 법궁: 조선왕조의 법궁으로 왕이 살고 직무를 수행했던 곳으로 문화적인 가치가 높습니다.
2. 근정전: 경복궁의 중심이 되는 건물로 왕의 즉위식이나 대례 등이 거행 되었던 곳입니다.
3. 경회루: 조선시대 왕들이 연회를 즐기던 누각으로 아름다운 연못과 함께 어우러져 멋진 경관을 자랑합니다.
4. 향원정: 고종 황제가 휴식을 취하기 위해 지은 정자로 아름다운 연못과 함께 어우러져 멋진 경관을 자랑합니다.
5. 국립고궁박물관: 조선 왕실의 역사와 문화를 전시하고 있는 박물관입니다.

이외에도 경복궁 내부에는 다양한 건축물과 문화재들이 있으니, 천천히 둘러보며 역사와 문화를 체험해보는 것이 좋습니다.

네이버 클로바X는 우리나라 역사에 대해 대답을 잘 해주는 모습을 볼 수 있습니다. 여러분도 질문하고 싶은 내용이 있나요?

인공지능을 제대로 이해하고 활용하는 것이 중요합니다.
인공지능의 부작용을 최소화 하면서 인공지능을 잘 활용하는 것이
미래 사회의 중요한 과제가 될 것입니다.

저자 소개

이태욱 교수님

서울대를 졸업하고 미국 플로리다공대 대학원에서 석사 및 박사 학위를 취득하였음. 이후 한국교원대학교 컴퓨터교육과 교수와 한국컴퓨터교육학회장, 한국대학정보화협의회장, 한국컴퓨터정보학회장 등을 역임하였으며 현재 한국교원대 명예교수로 재직 중임. 주요 연구 분야는 컴퓨터교과교육, 지식공학이며 현재 주요 신문 오피니언과 국제기술사, 정보시스템 수석 감리원으로 활동 중임.

임승찬 선생님

현 전라남도 광양제철남초등학교 교사
한국교원대학교 대학원 초등 컴퓨터 교육 석사
디지털 교과서 선도학교, 온라인 콘텐츠 선도학교, 인공지능 선도학교 활동

최민영 선생님

현 경기도 고등학교 교사
한국교원대학교 대학원 컴퓨터 교육 석사, 다양한 교수학습법과 인공지능에 대한 관심을 토대로 석사 논문 –'스캠퍼 기법을 활용한 컴퓨팅 사고력 기반 프로젝트 학습 프로그램 개발',
한국컴퓨터교육학회 '인공지능 교육의 현황과 학교 및 교사의 역할 변화 예측' 저술

최민정 선생님

현 경기도 중학교 교사
한국교원대학교 컴퓨터교육과 학사
한국교원대학교 융합교육연구소 학술 저널 – '컴퓨팅 사고력 향상을 위한 PBL수업 연구' 저술

추천의 말

인공지능은 현재 우리 사회의 가장 핫한 키워드 중 하나입니다. 이 책은 인공지능이 무엇인지, 어떻게 작동 하는지, 어떤 분야에 적용되고 있는지, 그리고 인공지능의 미래와 인공지능 윤리에 대해 궁금해 하는 중학교 학생들을 위한 책입니다.

시중에 인공지능과 관련된 책들이 많이 나와 있지만 이 책은 인공지능의 기본 개념과 실제를 쉽고 재미있게 설명하고, 인공지능의 주요 분야와 응용 사례를 다양한 예시와 그림으로 보여주는 유일한 책입니다. 또한 교육부 2022년 개정 교육과정에 기반한 인공지능이 인간과 사회에 미치는 영향과 도전에 대해 심도있게 고민하고 생각해 볼 수 있도록 안내해주는 책입니다.

이 책을 통해서 여러분들의 인공지능에 대한 흥미와 호기심을 해결하고, 창의력 있는 내일을 준비하기 바랍니다.

최병수(전 서울과학고등학교 교장)

인공지능은 컴퓨터가 인간의 지능을 모방하도록 만든 기술입니다. 인공지능을 공부하기 위해서는 먼저 수학적 지식이 필요합니다. 확률, 통계, 선형대수학 등의 수학적 지식이 필요합니다. 그리고 프로그래밍 언어를 배우는 것도 중요합니다. Python, R 등의 언어를 배우면 머신러닝과 딥러닝 등의 인공지능 분야에서 활용할 수 있습니다. 또한, 인공지능 분야에서 사용되는 알고리즘에 대한 이해도 필요합니다. 지도 학습, 비지도 학습, 강화 학습 등의 알고리즘을 이해하면 인공지능 분야에서 더욱 깊이 있는 연구를 할 수 있습니다. 이렇게 수학적 지식과 프로그래밍 언어, 알고리즘에 대한 이해를 바탕으로 인공지능 분야에서 연구를 시작할 수 있습니다. 이제 이 책을 통해 그동안 궁금했던 인공지능의 원리와 개념들을 말끔히 해소하시기를 바랍니다.

조정수(영남대학교 사범대학 교수)

인공지능이란 무엇일까요? 인공지능은 인간의 지능을 모방하거나 보완하는 기술입니다. 인공지능은 우리의 삶에 많은 변화와 혁신을 가져왔습니다. 하지만 인공지능과 실생활과의 서로간의 상관관계에 대해 잘 알고 있는 사람은 많지 않습니다.

이 책은 인공지능에 대해 이해하기 쉽고 재미있게 알려주는 책입니다. 자연스럽게 인공지능의 기본 개념과 원리와 응용, 인공지능 윤리 등 다양한 주제를 다룹니다. 그리하여 중학교 학생을 대상으로 생각하지만, 어른들도 어렵지 않고 즐겁게 읽을 수 있습니다.

아울러 이 책은 컴퓨터교육 전문가와 교육자가 공동으로 작성했습니다. 이 책의 특색은 인공지능의 원리를 이해하기 쉽게 설명하고, 실생활에서 볼 수 있는 예시와 그림 등을 통해 학습에 도움을 줍니다. 따라서 인공지능에 관심이 있는 모든 분들에게 유익하고 재미있는 책이 될 것입니다.

이 책을 읽고 나면 인공지능이 무엇인지, 어떻게 작동하는지, 어떻게 활용할 수 있는지, 어떤 문제와 도전이 있는지 등에 대해 알 수 있습니다. 이제 여러분들을 인공지능의 세계로 초대합니다.

한건우(경기 군포 당동중학교 교감)

인공지능 정복을 위한 공략집

2024년 1월 10일 초판 1쇄 인쇄
2024년 2월 10일 초판 1쇄 발행

펴낸곳 | (주)교학사
펴낸이 | 양진오
지은이 | 이태욱, 임승찬, 최민영, 최민정
디자인 | 이송미, 우명균
주   소 | 서울특별시 금천구 가산디지털1로 42 (공장)
          서울특별시 마포구 마포대로14길 4 (사무소)
전   화 | 02-707-5100
팩   스 | 02-707-5229
등   록 | 1962년 6월 26일 제 18-7
홈페이지 | https://www.kyohak.co.kr